U0836494

如何正确
诊疗防奶牛群体跛行疾病

张廷青　王建中　编著

副主编：陈良雷　河南省康星药业股份有限公司营销总监
　　　　戴　文　上海兴牧清洁用品有限公司技术总监
编　者：林　涛　北京加佳农生物科技有限公司副总经理
　　　　林　筠　广州翼鲲生物科技有限公司（翼鲲中国）董事长
　　　　何　翠　新希望生态牧业有限公司营养师

西北农林科技大学出版社

图书在版编目（CIP）数据

如何正确诊疗防奶牛群体跛行疾病 / 张廷青，王建中编著 . —杨凌：西北农林科技大学出版社，2022.12

ISBN 978-7-5683-1213-4

Ⅰ . ①如… Ⅱ . ①张… ②王… Ⅲ . ①乳牛场—牛病—蹄病—防治 Ⅳ . ① S858.237.11

中国版本图书馆 CIP 数据核字（2022）第 254850 号

如何正确诊疗防奶牛群体跛行疾病

RUHE ZHENGQUE ZHENLIAOFANG NAINIUQUNTI BOXING JIBING

张廷青　王建中　编著

出版发行	西北农林科技大学出版社		
地　　址	陕西杨凌杨武路 3 号	邮　编：	712100
电　　话	总编室：029-87093195	发行部：	029-87093302
电子邮箱	press0809@163.com		
印　　刷	西安浩轩印务有限公司		
版　　次	2022 年 12 月第 1 版		
印　　次	2022 年 12 月第 1 次印刷		
开　　本	889mm × 1 194mm　1/32		
印　　张	7.5		
字　　数	179 千字		

ISBN 978-7-5683-1213-4

定价：70.00 元

本书如有印装质量问题，请与本社联系

总　序

这是我国第一套涉及奶牛兽医临床实践和原奶生产兽医学的工具类系列丛书，旨在促进我国奶牛临床兽医由单纯医治患牛病例的传统“救火者”，转变为维护奶牛群体健康的当代“守护神”。其技术内容和执业理念与以往传统奶牛兽医学经典书刊资料存在以下显著差异：

1. 集中反映了发达国家著名奶牛临床学家在疾病有效防治和病理机理等方面的最新研究进展，包括具体诊断手段、合理治疗方案，以及实用预防措施等。

2. 强调奶牛临床兽医肩负的重责之一是：从奶牛群体角度分析各类疾病的发病原因，并提出多方位的治疗方法和预防策略，进而在群体水平，降低或消除所有使奶牛群体难以发挥其最佳生产潜能的制约性因素。

3. 鼓励奶牛临床兽医应在确保不损害生态环境与奶牛群体健康的前提下，促进奶牛场可持续有效益地（有利润地）连续不断运营。

4. 赋予奶牛临床兽医新的使命：不仅仅是动手者，更应该是奶牛场各种流程的制定者、监督者和评估者，是奶牛场员工的培训者，是奶牛场所需各类新信息的提供者，亦是奶牛场运营方向的领航者！

本系列丛书的重要特点是将奶牛群体性主要疾病逐一专题论述，

这样既便于写深、写透每一主题内容，亦有助于我国奶牛临床兽医准确理解、摒弃陋法、推陈出新，继而提高临床救治成功率和预防效果。再有，这种主题论述形式，每隔5—10年可继续以相同题目进行更新补充，借以与时俱进。本系列丛书暂拟撰写21册，将来根据生产实践需要，还可增加其他专题论述。目前即将发行的21册，提供了现代规模化奶牛场几乎全部常见疾病的诊疗细节、病理解释、发病规律、奶牛福利的正反影响、救治方案和预防措施，可视为我国奶牛临床兽医日常业务工作的指南。

本系列丛书可供我国奶牛临床兽医使用，也可作为我国畜牧兽医专业学生的补充学习资料，以及畜牧兽医专业教师的教学参考书。

主编：张廷青博士

前　言

绝大部分奶牛跛行由蹄病引起，所以这两个病名常交替使用；不过，少部分跛行源于蹄部以上部位，主要与机械性损伤有关。就奶牛养殖业而言，全球专家公认繁殖障碍、乳房炎和蹄病这3类疾患是影响奶牛场经济效益的大敌。自然，我国也不例外。谈及令人头疼的蹄病诊疗防，我国兽医界名满华夏的前辈如齐长明教授、王春璈教授和肖定汉教授均为此付出过艰巨努力和辛勤汗水，取得了卓有成效的经验并出版了相关著作。我国奶牛养殖界现场许多杰出领军人物也积累了许多因地制宜适合中国国情相当成功的诊疗防手段。近年来国内先后成立多家奶牛修蹄专业技术服务公司，同时进口大量先进奶牛修蹄保定架、实用修蹄工具和护蹄产品。这些专业修蹄公司经年累月活跃于许多奶牛场，提供精湛的修蹄技术服务和相应防治蹄病产品。另外，国内几家兽药公司和畜牧卫生用品公司亦与时俱进，针对我国奶牛场现场具体情况，自主研发推出若干防治效果可靠、低毒、无环境污染、物美价廉和使用方便的新型蹄浴液和新型蹄病治疗药剂，现场应用好评如潮！以上种种，均极大推动了我国奶牛养殖界各奶牛场对修蹄工作的重视，显著改进了我国奶牛群体诊疗防流程与结果；亦初步奠定了我国奶牛养殖业奶牛群体跛行疾病诊疗防工作的坚实基础。2014年春，翼鲲中国将其业务拓展至中国奶牛养殖业，积极引进智能化蹄浴系统和相关技术，并无偿在宁夏玖加玖奶牛场首先试用，取得良好效果。这无疑对既往诸多陈旧蹄浴方式以及这些陈旧方式所带来的生态环境破坏是一桩意义深远、雪中送炭似的革命！同时，其团队还翻译了大量技术文献，本书中的部分内容即来源于此，谨此由衷致谢！不过，虽然智能化蹄浴系统和相关技术是有效防治蹄病的一件利器，但却不是万能之剑，因为蹄病的发生乃是多因子造成的。有鉴于此，为有的放矢和更好地推广应用发达国家在如何正确诊疗防奶牛群体跛行疾病领域取得的领先技术成果、多年积累的可贵经验和先进理念，我们组织有关专家编撰了《如何正确诊疗防奶牛群体跛行疾病》专辑，与同道们共同分享、学习和借鉴。由于编者水平有限，虽做了力所能及的努力，书中仍不免存在不足，恳请读者批评指正。

河南省康星药业股份有限公司营销总监　陈良雷

2022年9月于中国河南郑州

CONTENTS ‖ 目　录

第一章　奶牛为什么会发生跛行?

一、奶牛为什么会发生跛行?

奶牛绝大数跛行归因于蹄部（图 1-1），源于蹄部以上部位跛行主要与机械性损伤有关，我们将在本书适当部分论述。

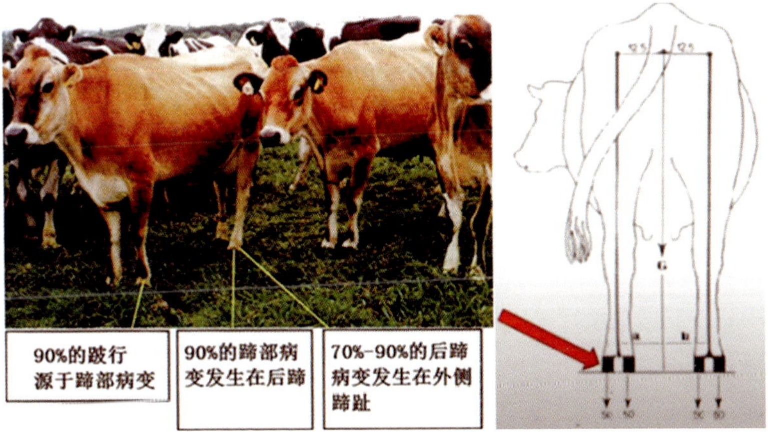

图 1-1　奶牛 90% 的跛行源于蹄部病变

那么，造成奶牛蹄部病变的原因又有哪些呢？我们在此简括如下：

1. 奶牛活动区的地表过于坚硬、潮湿或粗糙。

2. 牛舍憩息环境差，造成奶牛长时间站立，减少了躺卧时间。

3. 牛舍粪污未及时清理，导致牛蹄长时间浸泡其中。

4. 日粮配方和饲喂方式不当，造成瘤胃酸中毒。

5. 牛舍地表过于光滑。

6. 诊断延误而未能适时治疗。

7. 修蹄技术较差。

8. 修蹄时机选择不当等。

当然，还有很多其他原因，在此不一一列举。由于跛行是奶牛养殖业常见疾患，西方奶牛兽医临床学家常使用流行病学术语“患病率（Prevalence Rate）”和“发病率（Incidence Rate）”来描述。但中文的“患病率”和“发病率”实际上很难从字面区分及解释清楚其准确含义，必须对照英文原意才能搞懂。因此，建议同道们不妨将“患病率”理解为“罹患率”，此处指跛行发生概率；而将“发病率”则理解为“新发率”，此处指某段时间新跛行病例发生频率。我在拜访全国各地奶牛场涉及乳房炎防治措施时，常要求努力将月临床乳房炎发病率降至 1.5% 以下，这实际上就是要求将每月新临床乳房炎病例（同一头牛发生两次应按两次新病例计算）的发生频率降至 1.5% 以下，用这个例子也许能够帮助同道们更好地理解“新发率”。目前北美奶牛养殖业跛行“罹患率”大概在 25% 以上，普遍认可应全力降至 10% 以下才可保证奶牛场最基本效益。据统计，北美奶牛养殖业跛行“新发率”由 22% 至 51% 不等，随季节变化（夏季低而冬季高）和生理状态改变（泌乳期高但干奶期低）而波动。我国杨库领军的东营澳亚奶牛养殖集团（约 2 万头泌乳牛）跛行“罹患率”多年不高于 6%；而内蒙古巴彦淖尔地区圣牧高科奶牛养殖集团（约 3 万头泌乳牛）跛行“罹患率”估计在 1% 上下，该集团如此低的跛行“罹患率”显然得益于当地干燥气候和柔软沙漠地表。不过，我国大多数奶牛场跛行“罹患率”应该会高于北美。

表 1-1　不同病因造成奶牛群体跛行疾病风险率各是多少?

原发病因	造成跛行疾病风险率（%）
蹄底溃疡	13.9
白线病	12.7
蹄趾皮肤炎	12.0
腐蹄病	7.2
蹄踵溃疡	5.8
异物贯透创	3.1
趾间皮肤增生	1.2
薄蹄底和瘀伤	2.0
蹄壁开裂	1.07
蹄骨深度感染	0.45

二、跛行会造成哪些损失?

跛行造成的经济损失主要是跛行本身带来的直接影响，而非治疗成本，基本可归纳如下几方面：

1. 产奶量减少：奶牛跛行在整个哺乳期可造成近 20% 的产量损失。

2. 繁殖性能降低损失：研究表明，跛行能导致产犊间隔延长 33 天。

3. 弃奶损失。

4. 护理费用。

5. 高被动淘汰率：蹄部疼痛使奶牛采食时间显著缩短，大部分时间卧地不起。如果不采食，奶牛就无法产奶和保持良好体况。这样的奶牛会顺理成章因低产而被淘汰。据英国调查显示，出售给屠宰场的跛行奶牛肉用价值只相当于因其他原因而出售的奶牛价值的一半。另外，美国国家奶牛群体改良计划（DHI）记录亦显示，跛行是造成奶牛主动淘汰和被动淘汰第三大原因，仅次于繁殖障碍和乳房炎。根据美国国家动物健康监测系统（NAHMS）数据显示，15% 过早淘汰出售的奶牛是由跛行直接造成的。

如果对跛行造成的经济损失进一步分类，那么蹄底溃疡排在第一位；其次是白线病和蹄底脓肿；再其次就是趾间皮炎和腐蹄病。

假如以现金方式和“年新发率”来表示各类疾病对奶牛养殖业所造成的经济损失，则可明显发现跛行所致经济损失最高。

表 1-2　各类疾病对奶牛养殖业造成的经济损失是多少？（以人民币计算）

疾病名称	每例损失	年新发率（%）	奶牛场损失（按 1000 头泌乳牛规模计算）
临床乳房炎	1638	40	655200
跛行	2988	30	896400
左侧真胃移位	3056	5	152800
胎衣不下 / 子宫炎	2031	15	304650

三、为什么饲养管理不当会造成跛行?

业已了解饲养管理不当与跛行“罹患率”和“新发率”两者高低均有密切关系。众所周知，对泌乳牛，为追求产奶量高，常促使其尽量采食，同时努力避免消化功能紊乱和代谢性疾病的发生。这就需要注意日粮配方合理、TMR 混制均匀和投喂到位。泌乳牛产量越高，其对饲养管理要求就越苛刻，同时导致犯错误的可能性也随之增加。这些错误可能诱发瘤胃酸中毒，被认为是造成跛行最重要的发病原因。

瘤胃酸中毒的特点是瘤胃 pH 值低（pH 值低于 5.6；正常应为 6.0 ～ 6.8）。临床表现分为急性和亚急性（或称慢性）两类。急性瘤胃酸中毒临床症状特点是：腹胀、腹泻、脱水，严重时甚至导致死亡。亚急性瘤胃酸中毒（Subacute Ruminal Acidosis；SARA）的临床症状特点是：瘤胃 pH 值长时间徘徊在 5.6 临界值或更低。与急性瘤胃酸中毒症状的明显不同是，亚急性瘤胃酸中毒患牛常表现出间歇性地采食量下降、反刍次数减少和轻度至中度腹泻（图 1-2）。泌乳牛群中亚临床瘤胃酸中毒非常普遍，但只有少数患牛会呈现明显反常，如蹄叶炎导致跛行、过度消瘦、偶发性鼻出血（后腔静脉血栓症；图 1-2），以及不明原因高淘汰率。此外，乳脂倒挂（乳脂率比乳蛋白率低 0.2）也是亚急性瘤胃酸中毒的重要指征之一。

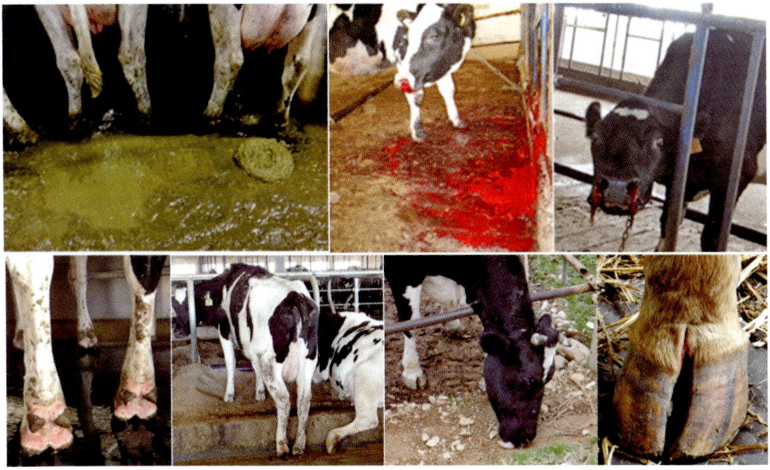

图 1-2　左上分图示亚急性瘤胃酸中毒常见腹泻：注意左侧粪便性状稀薄；但右侧是正常粪便形状。中上分图和右上分图示亚急性瘤胃酸中毒所致后腔静脉血栓症；左下分图示亚急性瘤胃酸中毒所致蹄部皮肤发红；左下中分图示亚急性瘤胃酸中毒所致左后蹄罹患蹄叶炎疼痛难以着地；右下中分图示亚急性瘤胃酸中毒所致患牛吃土；右下分图示亚急性瘤胃酸中毒所致蹄匣表面出现横向“苦难纹”。

影响瘤胃 pH 值的因素包括（参阅表 1-3、表 1-4、图 1-3）：

1.精粗比例不当

精粗比例是奶牛饲喂管理中的一个重要指标。日粮粗饲料含量高有助于刺激唾液分泌，而唾液中含有缓冲物质如碳酸氢盐，故能提高瘤胃 pH 值，从而维持瘤胃 pH 值在 6 以上。因饲料颗粒过小引致瘤胃酸中毒最常见的原因莫过于饲喂太多精料（高度易消化碳水化合物），或饲喂太少富含有效纤维饲料，抑或两者兼具，参阅表

1-3。高度易消化碳水化合物包括淀粉、糖类和果胶，常统称为非纤维性碳水化合物（NFC）。淀粉经由瘤胃微生物发酵，产生微生物蛋白和挥发性脂肪酸（VFA）。未在瘤胃发酵淀粉则在小肠和大肠内消化。果胶多蕴含在柑橘类果肉和甜菜渣中，极易发酵，但与淀粉不同的是，果胶发酵率随着瘤胃 pH 值降低而降低，这对稳定瘤胃内环境起着积极作用。糖类可高度发酵，能在瘤胃内快速完全消化。奶牛日粮中青绿饲料、糖蜜和新鲜柑橘渣均是糖类的主要来源。

有效纤维（或长纤维）主要来源于粗饲料，是奶牛日粮中的必需成分，主要功能有三：

1）刺激咀嚼和唾液缓冲物分泌。

2）形成网罗食物颗粒瘤胃草团，促进消化。

3）高度可消化粗饲料是瘤胃微生物的重要能量来源。

表 1-3　精料投喂过多常致发生亚临床酸中毒，继而蹄叶炎发病率升高

奶牛场名称	牛群分类	头数	饲养管理特点	蹄叶炎头数	发病率
海门奶牛场	泌乳牛	492	奶产量 25 公斤 / 日；精料 13 公斤	71	14.4%
	公牛	47	粗饲料 +2 公斤精料	0	0%
长富 25 奶牛场	泌乳牛	520	奶产量 24 公斤 / 日；精料 14 公斤	78	15.0%
	公牛	35	粗饲料 +2 公斤精料	2	5.7%

2.饲料物理形态不当

研磨、制粒、切碎或在 TMR 搅拌车中充分混合都可以调整饲料颗粒大小。如果饲料颗粒过小，则不能形成瘤胃草团，将会降低纤维消化率和瘤胃 pH 值；唾液分泌量也会因反刍频率降低而减少。奶牛每天需花费超过 8 小时进行咀嚼，以产生足够唾液量。此外，牛群休息时，应至少有 60% 以上牛只反刍咀嚼。如果精饲料研磨过细，淀粉充分暴露，将会增加淀粉瘤胃微生物发酵比例，使丙酸和乳酸增加，从而降低瘤胃 pH 值，造成乳脂率减低、乳蛋白率升高，并减少产奶量。蒸汽压片玉米、制粒或研磨谷物将破坏淀粉颗粒，虽能提高其在瘤胃中的消化率和促进瘤胃微生物生长，但也会增加瘤胃酸中毒的风险。

3.采食量反常

当日粮中含有大量可发酵碳水化合物时，如增加采食量，将会提供更多可供瘤胃微生物分解发酵的底物，导致瘤胃 pH 值降低。虽然与之相应所产生的唾液量也会增加，但相对于更高采食量，其分泌速度和数量均难匹合，故唾液缓冲效果较差而使瘤胃整体 pH 值处于下降趋势。

4.日粮水分含量不当

湿饲料更利于吞咽，使唾液分泌量相对减少，导致瘤胃 pH 值降低。

5.饲喂不饱和脂肪和油类

不饱和脂肪酸，如植物油和鱼油中的脂肪酸，对执行消化纤维瘤胃微生物有一定毒害作用，并能黏附于纤维颗粒上，降低纤维消化率。同样的，油料籽实经加工（如研磨或压榨）破坏种子细胞壁，使油分进入瘤胃，也能产生与不饱和脂肪酸类似的负面作用。

6.饲喂方法不当

饲喂全混合日粮（TMR）或全价饲料是最好选择，可以稳定瘤胃 pH 值，同时提供瘤胃可降解蛋白（RDP）和可发酵碳水化合物，并提高干物质采食量，同时最大限度减少挑食现象。不言而喻，减少挑食现象可以有效预防瘤胃酸中毒和蹄叶炎。

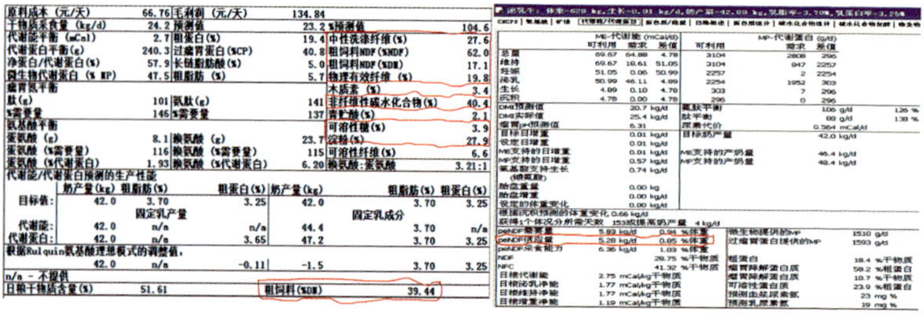

图 1-3　某家奶牛场因日粮配方错误（红线标注部分）而致蹄病发病率高达 11.2%（190 蹄病牛 /1700 头泌乳牛），实际发病率应该更高，因为只是统计了步态评分≥ 4 的蹄病牛。

表 1-4　某家奶牛场造成高蹄病发病率的日粮配方究竟存在哪些不足？（参阅图 1-3）

高产牛日粮欠合理组分	某家奶牛场测定结果	合理标准	可能后果
粗饲料占日粮比重（Forage:%DM）	39.4%	>45%	瘤胃慢性酸中毒、蹄病、真胃移位、腹泻、乳脂倒挂等等
日粮总 NDF	27.6	28% ～ 32%	同上
日粮粗饲料 NDF（ForageNDF:%DM）	17.1%	>21%	同上
粗饲料 NDF 占日粮 NDF 比重（ForageNDF：%NDF）	62.0%	>75%	同上
物理有效纤维（%）	19.8%	>22%	同上
日粮非纤维碳水化合物（NFC：%）	40.4%	<37%	同上
淀粉含量（Starch:%）	27.9%	<26.0%	同上
可溶性糖（%）	3.9%	5% ～ 7%	同上
瘤胃充盈度（peNDF Sup=peNDF Cap）	5.28 公斤 / 日	6.36 公斤 / 日	同上

四、为何遗传因素对跛行罹患率高低也有影响？

熟悉如何挑选国外优秀验证公牛的同道们都十分清楚，在拟定选择结构性状改良时，乳房结构总是排在第一位，其次就是肢蹄结构。这是因为良好的肢蹄结构可减少跛行罹患率、保证采食时间和正常行走于挤奶厅与憩息处之间。公牛肢蹄性状遗传力大约为0.1；遗传因素对跛行和蹄病相关性状的影响参见表1-5。尽管饲养管理的好坏是跛行罹患率高低的最重要因素，但表1-5也清晰表明不可低估遗传因素的影响。肢蹄结构线性评分包括：蹄角度、后肢侧视站姿和后肢后视站姿。评分时需要注意因奶牛站姿不同而会使结果差异很大，有时只让奶牛向前移动数步，评分就会有很大改变。另外，需修蹄或因蹄病疼痛亦会引起奶牛站姿发生明显改变。图1-4示理想蹄角度；图1-5示理想后肢后视站姿；图1-6示理想后肢侧视站姿以及与跛行淘汰率的关系。

表1-5　遗传因素对跛行和蹄病相关性状影响如何?

类别	影响百分比
步态评分	12%
蹄角度	23%
趾间皮炎	10%
趾间生长速度	10%
蹄踵角质磨损速度	8%
蹄底出血	5%
白线病	2%

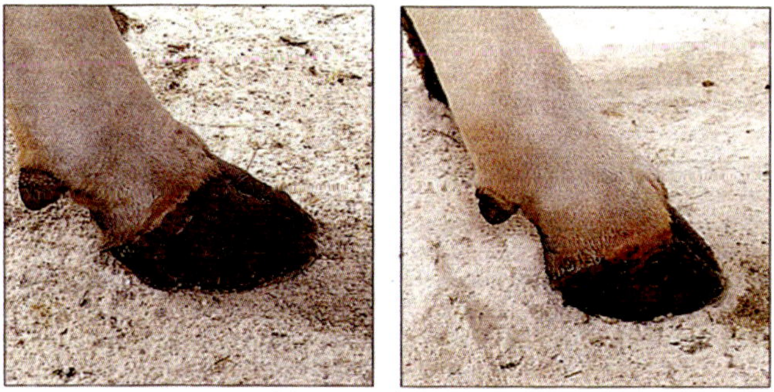

左图：蹄踵过低、蹄尖角度小
右图：理想的蹄踵高度和蹄尖角度（45°）
蹄趾的过度生长会导致蹄踵过低和蹄尖角度过小

图1-4　理想蹄角度

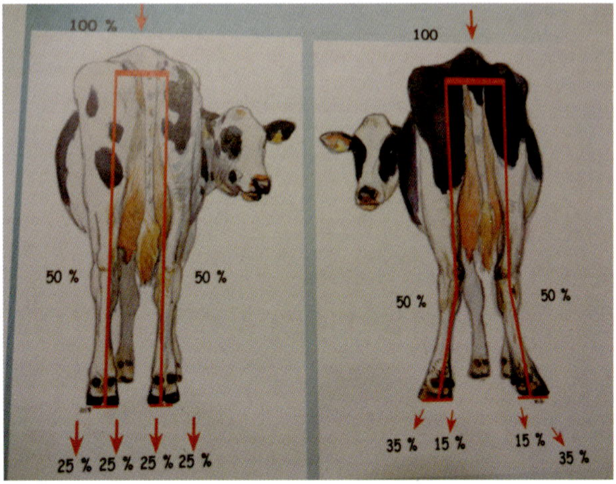

图 1-5　理想后肢后视站姿：注意左分图理想，奶牛后驱体重均匀分布到后蹄内趾和外趾，四趾各占 25%；但右分图则不理想，由于跗关节内向，呈轻微 X 状，造成两内趾各承担后驱体重的 15%，而两外趾则分别承担 35%。

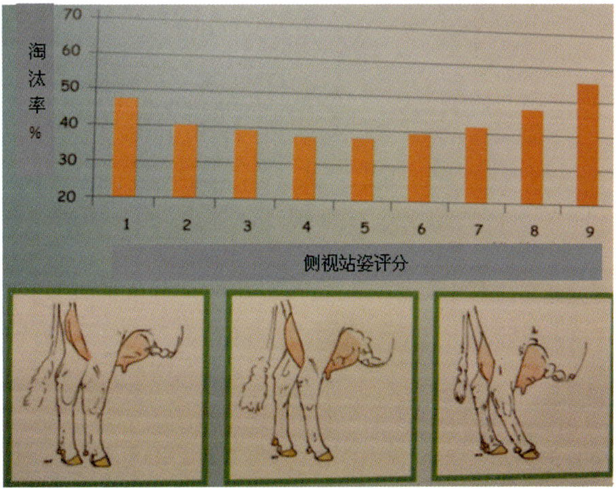

图 1-6　理想后肢侧视站姿评分：注意中分图是理想后肢侧视站姿，评分应该为 5 分；左分图后肢侧视站姿不理想，过于陡直，评分应该为 1 分，这种过度陡直会致奶牛行走时伸腱和屈腱难以发挥正常功能，所以跛行淘汰率可高达近 50%；而右分图后肢侧视站姿亦不理想，过于弯曲，评分应该为 9 分，这种过度弯曲会致奶牛行走时蹄踵过度磨损，跛行淘汰率甚至超过 50%。

还有，荷斯坦奶牛通常体型较大，故蹄匣角质部分容易磨损和被地表尖锐物刺破或被硬棱角物撞伤，造成发炎和溃烂。因此，毋庸置言，在奶牛行走区域和通道，必须确保平直和柔软。

五、哪些营养物质对维护蹄部完整和健康非常重要?

众所周知，蹄壳微观结构类似砖墙，其中角质细胞如同砖块，而蹄壳胞间黏合质就如同将砖块黏合在一起的灰浆；蹄壳完整性和具有坚硬强度是保护其内部真皮层的必要条件。蹄壳角质组织每月生长 5 毫米，蹄底厚度为 1 厘米。因此，任何源自趾蹄内部对蹄底的损伤至少要 2 个月后才有肉眼可见异常。还有，角质细胞是一种能产生角蛋白的上皮细胞，因此也被称为角蛋白细胞。角蛋白是不溶性蛋白质，可在角质细胞内构成支撑基质，为角质细胞提供结构刚性和强度。既然蹄壳角质组织不断生长，那必然需要相应营养物质来维持这种生长。那么，究竟哪些营养物质对维护蹄部完整和健康非常重要呢?

1.微量元素

讨论微量元素的重要性实是老生常谈。多年来人们早已认识到锌、铜、锰、钴等微量元素是角蛋白丝合成与交互连接所必需的营养物质，是日粮中的重要营养素。这些微量元素还参与一系列同软骨和骨骼生长发育相关的酶系统和生化反应。许多研究表明，补充这些微量元素对于维护蹄壳正常生长起着重要作用并能改善奶牛蹄部健康状况，从而使蹄壳不仅具备保护真皮的基本功能，还能耐受坚硬地表对蹄部的冲击应力。

2.脂溶性维生素

大家对这些也不生疏，脂溶性维生素 A、D 和 E 对上皮组织合成、骨骼生长发育和免疫功能维持均起着极其重要的作用。如果日粮中这些维生素严重匮乏，那就会发生佝偻病（矿物质钙磷和维生素 D 缺乏）、白肌病（维生素 E 和微量元素硒缺乏）和罹患传染病风险升高等。因此，日粮配方应设法满足奶牛脂溶性维生素的需要。

3.B族维生素

另一方面，直到最近，日粮中补充 B 族维生素仍不常见。多年来，人们一直认为瘤胃微生物能合成大量此类维生素。然而最新研究表明，低瘤胃 pH 值（摄取精料过多）将抑制瘤胃微生物合成生物素——形成和维护上皮组织完整所必需的一种 B 族维生素。再者，研究还证实，生物素对于细胞间胶合质中角蛋白和长链脂肪酸合成均起着关键作用。多项研究已经证明：补充生物素可以降低蹄底溃疡和蹄踵糜烂的发病率、促进蹄底溃疡愈合、降低蹄壁开裂的发病率，以及减少放牧奶牛跛行发病率等。

六、为减少奶牛蹄病和跛行发病率，TMR 配方设计需要特别注意什么？参阅表 1-6。

表 1-6　为减少奶牛蹄病和跛行发病率，TMR 配方设计需要特别注意什么？

高产牛日粮组分	合理标准
粗饲料占日粮比重（Forage：%DM）	>45%
日粮总 NDF（%）	28% ～ 32%
日粮粗饲料 NDF（ForageNDF：%DM）	>21%
粗饲料 NDF 占日粮 NDF 比重（ForageNDF：%NDF）	>75%
日粮非纤维碳水化合物（NFC：%）	<37%

表 1-6（续）

高产牛日粮组分		合理标准
物理有效纤维（peNDF：%）		>22%
淀粉含量（Starch：%）		<26%
糖含量（Sugar:%）		5% ～ 7%
全混日粮小苏打含量（%）		0.75%
全混日粮干物质（%）		48% ～ 52%
瘤胃充盈度（peNDF Sup=peNDF Cap）		6.36 公斤 / 日
维生素 A		7.5 ～ 10 万国际单位 / 头日
日粮阴阳离子差（DCAD；热应激状况）		>400meq/ 公斤
日粮非饱和脂肪含量（Unsaturated Fat & Oil）		<500 克 /（头·日）
日粮粗脂肪含量（Ether Extract；%）		<6%
日粮铜含量（Cu:ppm;1/3 来源有机）		10 ～ 15ppm
日粮锌含量（Zn:ppm;1/3）		40 ～ 60ppm
日粮硫含量（S;%DM）		0.25% ～ 0.28%
日粮锰含量（Mn:ppm）		40 ～ 60ppm
四层宾州筛	一层（%）	2 ～ 8
	二层（%）	30 ～ 50
	三层（%）	10 ～ 20
	四层（%）	30 ～ 40
体况变化（5 分制）		<0.5

七、如何减少不良环境因素对蹄部造成损伤？

过去 50 年里，美国牛舍逐渐从传统拴系式饲养改进为自由卧栏式和露天运动场式饲养，目前近 3/4 泌乳奶牛群体采用自由卧栏式或露天运动场式饲养。表 1-7 是美国当前奶牛群体各种饲养方式比例及优缺点比较。

表 1-7　美国当前奶牛群体各种饲养方式比例及优缺点比较

饲养类型	所占（%）	占全美奶牛总数（%）	特点
拴系式	34.6	19.9	牛体卫生较差但蹄病较少；如不注意卧床舒适度，则跗关节和腕关节损伤疾病较多。
自由卧栏式	50.0	55.0	牛体卫生相对较好但蹄病较多。
露天运动场式	5.4	20.0	牛体卫生相对较好并且蹄病不多。
放牧式	10.0	5.1	牛体卫生相对较好并且蹄病不多。

研究显示：相比拴系式饲养，自由卧栏式饲养能改善环境卫生和减少跗关节和腕关节损伤；但另一方面，自由卧栏式饲养奶牛群体的跛行发病率更高，这与长时间在水泥地面行走活动相关。此外，这也与自由卧栏式牛舍舒适度密切关联。设计卧床时应充分考虑奶牛躺卧、起立和休息等需求的行为特点。自由卧栏卧床须满足奶牛以下 6 个“自由”：

1. 前腿能向前自由伸展。

2. 两侧均能随意躺卧，并且头部和颈部均可自由活动。

3. 躺卧后，头部能自由转向体侧歇靠，不受分隔栏阻碍。

4. 四肢、乳房和尾巴能在卧床上随意摆放。

5. 能自由站立或躺卧，不会因碰撞颈轨、分隔栏或支柱而受到惊吓或引起疼痛。

6. 能随时在干净、干燥和柔软的卧床上休息。

如果现代化规模奶牛场的卧床能满足以上所有要求，那卧床一定舒适，这无疑将有助于奶牛休息，从而提高生产性能，同时奶牛“上床率”也一定将会得到显著改善。相反，倘若卧床设计不当，不仅会导致躺卧时间减少，而且会造成跛行发病率升高。还有，卧床后缘过高（高于15厘米）、垫料缺乏和卧床前部预留前冲空间不足等均会导致跛行发病率增加。表1-8反映了英国37家奶牛场应用自由卧栏式饲养的一些基本情况。

表1-8　英国37家奶牛场自由卧栏式饲养卧床设计缺陷和管理欠佳统计数据

主要分类	占全部卧床百分比
卧床过短	87%
卧床过宽或过窄	50%
颈轨过低	91%
分隔环低端环太低（不过，目前观点主张分隔环低端环距卧床高度应该不超过25厘米）	70%
垫料不足	63%
无垫料	11%
卧床表面为水泥	75%
合格卧床	12%

表1-9反映了美国103家奶牛场自由卧栏式饲养卧床设计的基本尺寸，显然有些偏小，不利于大体型奶牛躺卧休息。

表1-9　美国103家奶牛场卧栏基本尺寸数据

卧床类型	含前冲区域长度（厘米）	宽度（厘米）
新产牛	213	114
干奶后期牛	203	110.5

考虑到保证奶牛正常躺卧休息需要和降低自由卧栏式饲养方式所致跛行高发病率，以及减少环境性临床乳房炎发病率，有必要进一步探索改进卧床设计，藉以至臻奶牛舒适度。目前，发达国家奶牛自由卧栏式卧床的设计尺寸已有所改变，具体信息参见表1-10；我国某些奶牛场设计和建筑公司现已逐步采用这些新尺寸。

表 1-10 成年荷斯坦奶牛卧床建议新尺寸

单位：厘米

奶牛体重（公斤）	前端封闭式卧床总长度	前端开放式卧床总长度	卧床后缘到挡胸板的长度	卧床后缘到颈轨的水平长度	卧床宽度	分隔环上端高度	颈轨高度	挡胸板高度
408～500	229～244	198～208	163～169	158～163	104～109	107～112	107～112	10～15
500～590	244～259	203～218	168～173	163～168	109～114	112～117	112～117	10～15
590～680	259～274	229～244	173～178	168～173	114～122	117～122	117～122	10～15
680～770	274～290	244～259	178～183	173～178	122～132	122～132	122～132	10～15

八、如何评估卧床舒适度?

通常藉助仔细观察自由卧栏牛舍中的奶牛行为来评估卧床舒适度，观察项目包括：

1. 奶牛是否长时间两前蹄站在卧床，而两后蹄踏在通道（参阅图 1-7）?

这种站立行为通常是因卧床太短、颈轨过低或其他障碍引起。热应激也会导致此类行为，因为天气炎热时，奶牛可通过持续站立来尽量增大体表散热面积。当然，产后子宫炎引致腹痛亦会产生这种行为。有研究发现，卧床后缘高度超过 33 厘米时（但目前要求卧床后缘高度不宜超过 15 厘米），会减少这类行为的发生。

2. 奶牛是否四肢站立在卧床（参阅图 1-7）?

这种行为常用卧床站立指数（SSI；指四肢站立在卧床牛头数比例）来评估；该行为需在早上挤奶前 2 小时进行观察。当卧床站立指数高于 24% 时，跛行患病率可能超过 20%。

3. 卧床使用指数（Stall Usage Index=SUI）系指非采食奶牛在卧床躺卧头数比例；使用沙床奶牛群，卧床使用指数往往较高。观察全群中有多少奶牛使用卧床，应在上午挤奶结束，牛群返回牛舍 1 小时之后进行。75% 以上非采食奶牛使用卧床是最起码的要求。

4. 卧床舒适度指数系指卧床上全部奶牛中，有多少完全躺卧（参阅图 1-8）。该指数也应在上午挤奶结束，奶牛群返回牛舍约 1 小时后进行观察。一般认为上床奶牛至少 85% 应完全躺卧才算合格。与使用其他类型垫料卧床相比，沙床更能提高卧床舒适度指数。目前我国相当数量的奶牛场使用脱水发酵干燥牛粪作垫料，效果也还不错，只是需格外警惕临床乳房炎和亚临床乳房炎的发病风险有可能升高。最后，有些奶牛场还采用“大通铺”式模式饲养泌乳牛，其效果和潜在风险类似脱水发酵干燥牛粪作垫料。

图 1-7　左分图和中分图示奶牛两前蹄站在卧床，而两后蹄站在通道，表明卧床设计不合理；右分图示奶牛四蹄均踩立在卧床，同样表明卧床设计不合理。

图 1-8　左分图示几乎全部奶牛均已躺卧，故卧床舒适度指数高；相反右分图示奶牛躺卧头数不多，故卧床舒适度指数低。

5. 如何认可橡胶垫床清洁度和舒适度（参阅图 1-9、图 1-10 和图 1-11）？

1）优秀：清洁、干燥，褥草充足，通道干净。

2）一般：清洁、干燥，后部有褥草，通道大部分干净。

3）较差：褥草较少，有些潮湿，部分区域有粪污，通道不干净。

4）极差：几无褥草，橡胶垫硬，卧床湿脏，通道脏。

图 1-9　示如何认可橡胶垫床清洁度和舒适度？仅左上分图橡胶垫床符合清洁度和舒适度理想要求，实践中并不容易做到。

图 1-10　我国江苏连云港奶牛场给自由卧栏橡胶垫表面铺垫干燥、洁净和足量稻壳，也能符合清洁度和舒适度理想要求。

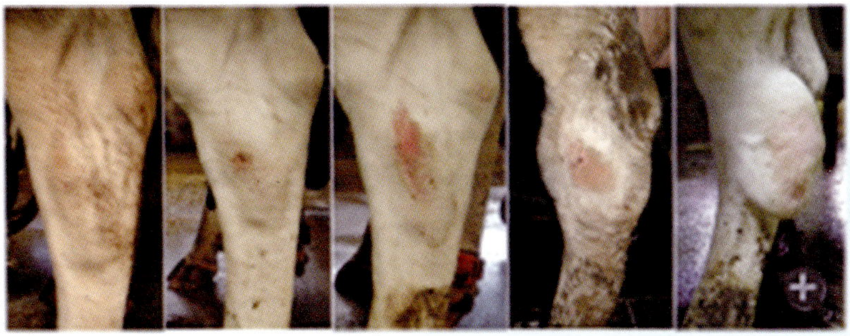

图 1-11　示如何间接认可橡胶垫床清洁度和舒适度？我们可根据附关节损伤程度和脏污程度来大致判断橡胶垫床的清洁度和舒适度是否符合要求，本图中只有左分图符合要求。

6. 如何认可沙床自由卧栏系统清洁度和舒适度（参阅图1-12）？

1）优秀：沙子填满卧床，前高后低；沙床和通道干净。

2）一般：至卧床后缘沙子前后平整，沙床干净；通道大部分干净。

3）较差：沙子低于卧床后缘，沙床部分区域不干净；通道不干净。

4）极差：沙子低于卧床后缘 2.5 厘米以上；沙床和通道均脏。

图 1-12　示如何认可沙床自由卧栏系统清洁度和舒适度？左上分图和下三分图沙床自由卧栏系统符合清洁度和舒适度理想要求，实践中相对容易做到。

九、如何改善奶牛行走地表?

牛类蹄趾经千百万年进化，只适应广袤草原柔松软地表行走或奔跑。所以，任何人工地表均应设法符合牛类蹄趾这一特点和要求；否则，就必然导致跛行和蹄病发病风险率增高。

1.如何改善水泥光滑地表?

水泥地表对牛蹄是否有极强磨损性取决于其配方和浇筑方法。新水泥地表对牛蹄磨损比旧的更强；湿水泥地表磨损性比干水泥地表要高 83%；刚完工 2 个月内的水泥地表对牛蹄磨损速度要超过牛蹄本身生长速度。湿水泥地表对牛蹄磨损是双重的：首先是因为湿水泥地表会增强磨损性；其次是因为水分能软化蹄壳，加速蹄部磨损。还有，奶牛在水泥地表长距离行走（常见于大型牧场）也会导致蹄部磨损加剧。此外，奶牛群在磨损性较高地表过度拥挤或相互冲撞也会增加蹄部磨损。鉴于此，牛舍设计时一定要充分考虑如何使奶牛行走方便，减少蹄部不合理受力等重要因素。还要注意，过于光滑的水泥地表并不利于蹄部磨损，容易导致牛蹄过度生长，还容易使奶牛滑倒受伤，受伤部位通常是肢蹄上部。故而，需在光滑水泥地表开切防滑槽以增加摩擦力，即使费用有所增加，但为了避免奶牛滑倒受伤，还是物有所值。图 1-13 示水泥防滑槽通常规格，对奶牛群流动频繁区域宜使凹槽交叉形成菱形状，如图 1-13 右所示，以增加牛蹄与地表之间的摩擦力。

图 1-13　水泥防滑槽通常规格：槽宽 1.9 厘米，深 1.9 厘米，凹槽间距 7.6 ~ 10.1 厘米。

2.为何需在水泥地表铺设橡胶垫（参阅图1-14、图1-15和图1-16）?

虽然铺设橡胶垫无法弥补自由卧栏式牛舍设计的固有缺陷，但却有利于提高奶牛舒适度。在通道、采食区和挤奶厅待挤区铺设橡胶垫，均能缓解泌乳牛在水泥地表长时间站立或行走的不舒适；但我国因地制宜使用厚沙通道效果最佳，甚至将蹄病发病率降至 1% 以下（参阅图 1-14 中分图）。如果卧床不够凉爽舒适，常常发现泌乳牛会选择卧在通道橡胶垫上，这会阻塞采食通道。再有，铺设在通道的橡胶垫表面湿滑，也需增开防滑槽，藉以降低奶牛群体滑倒受伤发病的风险率。一些奶牛场铺设橡胶垫效果并不理想，这往往是因为其他舒适度问题，如卧床设计不合理和热应激等，并未得到妥善解决。

图 1-14　奶牛行走通道铺设橡胶垫可显著减少蹄病发病率；但我国因地制宜使用厚沙通道效果最佳，甚至将蹄病发病率降至 1% 以下。

图 1-15　这张照片摄于美国科罗拉多大峡谷公园，右侧白线部分为公路柏油路面。麋鹿蹄趾结构类同牛类动物，请同道们思索：野生自由行走奔跑状况下，为何麋鹿选择公路软沙路面（图中蹄印）。

图 1-16　图中挤奶通道初始设计和日常管理极不靠谱，极易损伤奶牛蹄趾，造成跛行发病率飙升。

3.露天运动场

有些奶牛场为避免使用水泥地面带来的负面影响而采用露天运动场饲养方式，这种饲养方式的缺点是缺少遮阴且雨后泥泞不堪。再者，这种饲养模式在高温高湿酷暑季节还会增加牛群中暑发病率，导致奶牛生产性能下降。显然，尽管露天运动场饲养方式可以显著减少坚硬地面对奶牛肢蹄的机械性损伤，但雨季会使这一优益大打折扣（图 1-17）。

图 1-17　这些露天运动场饲养方式的缺点显而易见，泌乳牛恶劣憩息环境惨不忍睹。

总之，环境因素对奶牛肢蹄健康影响很大，奶牛长期生活在水泥地面更易罹患跛行。最好让奶牛每天有 10 ～ 12 小时在草原或露天运动场休息，虽然在生产实践中难以照此执行，但的确有助于降低跛行发病率。

十、如何改进奶牛日常行为时间分配及保证其足够躺卧休息？

奶牛每天 24 小时内典型的行为活动包括采食、饮水、躺卧休息、互相交往、反刍、挤奶、往返于牛舍和挤奶厅、待挤区站立等待、采食通道站立及两前肢站立卧床等。评估分析奶牛耗费这些行为各占多少时间有助于了解牛群整体是否健康？是否能保证预期奶产量？其生产潜能是否还有继续提高的空间？是否存在着不利牛群繁殖的潜在因素？等等。早在 20 多年前，人们曾对一头单产超过 22.7 吨高产牛详细观察过其每天行为时间分配，发现其每天躺卧休息时间高达约 14 小时；当时还认为这头牛躺卧休息时间是个特例。

后来进一步研究发现，牛群中10%产奶量最高的奶牛与平均产奶量的奶牛各自躺卧休息时间分配存在明显差异，10%产奶量最高的奶牛平均每天躺卧休息时间长达14.1小时。目前公认奶牛每日行为时间分配参见表1-11。

表1-11　奶牛每日行为时间分配

行为类型	耗费时间（小时）
采食	5～5.5
饮水	0.5
站立反刍	4.0
躺卧休息（包括反刍6小时）	12～14.0
整理被毛和相互交往	0.5
挤奶、往返牛舍和奶厅、待挤区站立	3.5

简而言之，奶牛躺卧休息时间被剥夺得越多，奶牛躺卧休息欲望越强。研究显示采食与躺卧休息密切相关，当管理因素导致奶牛躺卧休息时间缩短时，其采食行为也随之减少。假如躺卧时间受限，奶牛需要在采食与躺卧休息之间做出选择时，其往往会选择躺卧休息。

还有，许多牛舍条件和管理因素都会影响奶牛站立及躺卧休息时间长短。最常见因素就是卧床使用情况，包括饲养密度、卧床尺寸大小、设计是否到位，以及垫料是否充足，等等。有关研究显示，育成牛每天躺卧休息时间超过10小时，其蹄部健康状况比躺卧时间少于5小时的要好得多。泌乳牛通常每天躺卧休息11～14小时，躺卧休息时间缩短意味着反刍时间也随之缩短，因而唾液缓冲瘤胃酸度作用也会继之下降。

此外，某些管理因素也会影响站立时间，如将挤奶次数从每天2次改为3次，那奶牛每天站立时间可能会因此而增加1至数小时，这取决于牛群大小及挤奶厅效率。以下我们将对调群和过载（密度过大），以及这些管理手段对奶牛行为的影响作更深入的探讨。

1.调群对奶牛行为的影响有哪些?

调群对奶牛行为的影响常被忽视，奶牛是群居动物，相互之间交往互动总是处于动态状况，其具有以下特点：

1）持续的争斗和攻击行为。

2）大栏中会形成若干小群体。

3）群体中如奶牛头数超过 100 时，所有个体的地位等级难以区分。

4）有时群中某些奶牛体况不错，这并非缘于争斗取胜，而是根本就不参与争斗。

5）调群后，以前相互熟悉的奶牛需要 2 天左右便会在群中确定各自地位，而先前从未在一起者则大概需要 4 天上下时间。

新产牛群会时常发生骚动，应时刻密切注意牛群是否安定并采取相应解决措施。还有，如果将头胎牛与经产牛混合饲养，头胎牛躺卧休息时间将会显著减少。因为头胎牛体型较小，难以与经产牛竞争，并且采食也较慢，所以比经产牛需要更多采食时间。而且，经产牛通常会就近选择距采食区域不远的卧床躺卧休息，从而迫使头胎牛只能选择离采食区域较远的卧床躺卧休息。因此，在密集饲养条件下，将两者独立分群非常重要；否则，不利于地位较低头胎牛生存。如将头胎牛与经产牛分开饲养，可使其采食量和躺卧时间分别增加 10% ～ 15% 和 20%。

2.饲养密度对奶牛行为的影响有哪些?

当饲养密度超过 120% 时，躺卧休息时间将减少 12% ～ 27%，站立时间增加 15% ～ 25%。当饲养密度达到 130% 时，采食时间没有受到显著影响，但反刍时间会减少 25%。临产前，奶牛站立时间增加，采食、躺卧休息及反刍时间相应减少，这显然有可能诱发跛行。与此同时，围产期激素变化和酶活动被认为是引起蹄底溃疡与白线病的重要诱因；如围产前期过载（图 1-18；满载率超过 80% ～ 90%），这将会导致初乳质量差、产后奶量低和发病率高。

图 1-18　围产前期过载（满载率超过 80% ~ 90%）将会导致初乳质量差、产后奶量低和发病率高。

十一、为什么会发生后天性螺旋蹄?

泌乳牛天性偏爱采食，这一特点随年龄增长而越发明显。有研究发现，泌乳牛为了够着日粮而对颈枷施加的压力可能超过 227 公斤，但当这种压力仅仅达到 102 公斤时，就足以引起软组织损伤，并使蹄壳角质变形。

自由卧栏式饲养模式常会造成奶牛前蹄内趾蹄壳角质生长异常，这种情形也称后天性螺旋蹄（图 1-19），有时可能在群中广泛发生。导致该畸形的主要原因是奶牛为了够着日粮而竭力前倾，前蹄向外张开，内外趾受力不均，内趾受力增加，内趾过度生长并外翻，因而该趾蹄壳角质生长变形。究其根源是颈枷设置角度和安放高度欠合理所致，因为在放牧奶牛中从未发现此现象。故此，需将已投放日粮不断及时推送到奶牛容易够着的位置，这应是日常饲槽管理流程中最重要的环节之一（图 1-20）。

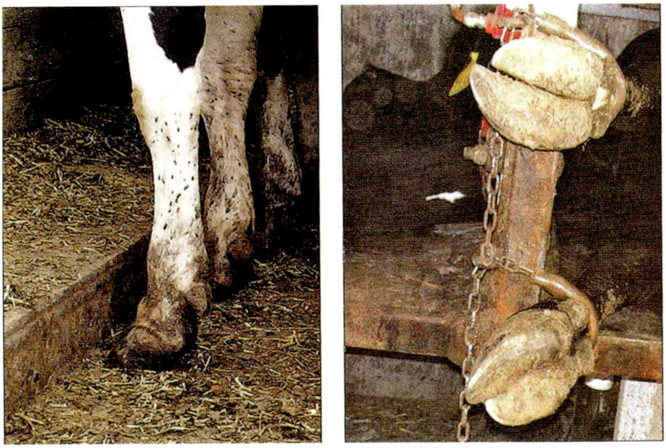

图 1-19　自由卧栏式饲养模式常会造成奶牛发生后天性螺旋蹄，即呈“外八字”站姿，如本图左；本图右示两前蹄内趾过度生长。

图 1-20　确保奶牛容易够着充足日粮，如左分图和中分图；避免空槽和奶牛够不着日粮，如右分图。

十二、如何正确驱赶牛群？

驱赶牛群去奶厅挤奶是一件日常工作，表 1-12 示不同驱赶方式和行走地表特点对跛行发病率高低的影响。

表 1-12　不同驱赶方式和行走地表特点对跛行发病率高低的影响如何?

驱赶方式和行走地表特点	结果
驱赶牛群拥挤往返奶厅	滑倒损伤和跛行发病率上升
容许牛群单列自行往返奶厅	滑倒损伤和跛行发病率降低
粗糙地表驱赶牛群拥挤往返奶厅	滑倒损伤和跛行发病率上升
粗糙地表铺设橡胶垫并容许牛群单列自行往返奶厅	滑倒损伤和跛行发病率降低
驱赶牛群往返奶厅速度太快	滑倒损伤和跛行发病率上升
容许牛群按正常行走速度往返奶厅	滑倒损伤和跛行发病率降低

另外，如果驱赶牛群往返奶厅工作到位，那么鲜见牛群在挤奶台排粪和排尿，其比例应小于 5%。在我拜访的我国诸多奶牛场中，现代牧业驱赶牛群往返奶厅工作是做得最好的，其他奶牛场驱赶工作都太着急和粗暴。

结束本文前，需特别指出：我国现代化规模奶牛场设计先驱李守忠老师和我国奶牛行为科学专家王艳明博士均对我国现行运营奶牛场设计水平、设施规格标准、使用优缺点、奶牛舒适度评估做过大量宝贵普查、统计和分析工作，这些极有价值的基础资料无疑为我们今后科学地开展奶牛蹄部保健工作奠定了坚实基础。

第二章 奶牛蹄部解剖学有哪些特点?

要了解造成奶牛肢蹄病的各种原因，必须具备四肢结构解剖学的一些基本知识。兽医科班出身的同道们都有切身体会，因我们的学科属于描述性学科，故学习解剖结构和疾病等相关术语具有一定难度，不仅要有很强的逻辑理解能力，而且还要有良好的持久记忆力。在实践中，使用老百姓俗语固然方便，但易导致混淆和误解。因此，同道们应首先温习以前求学时代老师所讲授的奶牛肢蹄结构解剖学的规范术语，并与通行俗称对号入座，进而铭记在心。

一、奶牛蹄结构有哪些特点?

马类动物蹄属单蹄，而奶牛蹄属偶蹄。奶牛蹄系指球关节以下所有部分，由 2 个蹄趾组成；每一蹄趾末端均被角质包裹。蹄部前侧称为“背侧”；前蹄后侧称为“掌部”，对应于人体解剖“手掌”；而后蹄后侧则称为“跖部”，对应于人体解剖“脚掌”。最接近纵轴线（即朝向中心）的区域称为“轴外区”。同道们需经常反复默记这些概念，这可有助理解本文相关内容。

每一蹄趾均由 4 块趾骨组成：即第一趾骨、第二趾骨、第三趾骨和舟骨；还包括 2 个关节，分别是近端趾间关节和远端趾间关节。

第一趾骨上端（也称近心端或近端，指靠近牛体中心部位一端）与前肢掌骨或后肢跖骨以球关节相连接，而第一趾骨下端（也称远心端或远端，指远离牛体中心部位一端）与第二趾骨上端相连接。连接第一趾骨和第二趾骨的关节称为近端趾间关节；第二趾骨下端与第三趾骨上端相连，连接第二趾骨和第三趾骨的关节称为远端趾间关节。

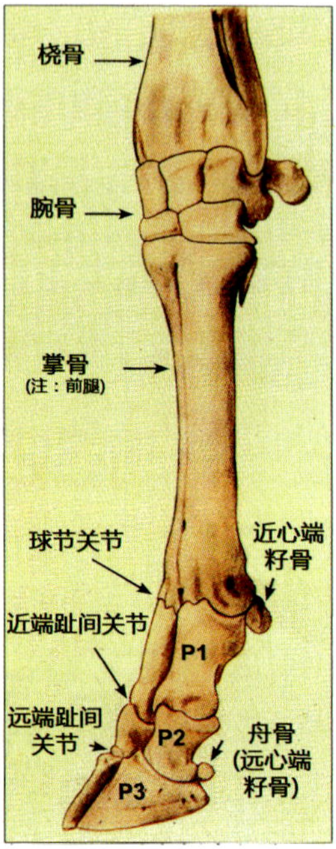

图 2-1 前肢远端骨骼结构侧视图（P1= 第一趾骨；P2= 第二趾骨；P3= 第三趾骨）。

第三趾骨系远端趾骨，通常称为蹄骨；由角质形成的蹄匣将其完全包裹在内。第三趾骨底面为凹形或半圆形，后缘有一明显突起称为屈肌结节，是深屈肌腱附着部位。蹄底溃疡发生多与此结节有关。

舟骨，也称远端籽骨，由 3 个小韧带连接到第三趾骨，并通过侧副韧带与第二趾骨连接。舟骨和深屈肌腱之间是舟囊。舟囊内含有关节液，有助于蹄部屈伸时深屈肌腱在舟骨表面滑动。第三趾骨、远端趾间关节、舟骨和舟囊均被包覆在蹄匣内（参阅图 2-1）。

二、奶牛蹄趾有哪些特点？

蹄趾踏在地面时，蹄匣可以缓冲地面对蹄部的冲击力，保护内部真皮底层的敏感组织。蹄匣的蹄壁由蹄外壁（远轴壁）和蹄内壁（近轴壁）组成。蹄外壁进一步细分为前侧（背面）和边侧（远轴侧)。蹄外壁边侧的侧沟线之后即为蹄踵（对应人体解剖脚后跟)。蹄壁由 2 种角质组成：蹄缘角质（蹄外膜角质）和冠状角质。蹄缘角质较软，位于蹄冠下方皮肤和角质交界处（对应人体解剖表皮)。

在蹄后侧，蹄外膜逐步向下延展形成蹄踵角质。蹄匣中的冠状角质最为坚硬，大部分蹄壁均由此构成。蹄壁表面布满模糊且相互平行的横纹，而这些横纹在接近蹄踵时分散开，说明蹄踵因磨损较多而导致相对较高的生长速度。成年荷斯坦牛，蹄背侧的蹄壁长度，即从无毛发的蹄壁开始（蹄外膜最远端）到负重表面末端的长度，至少应为 7.6 厘米。蹄踵侧沟线的理想高度为 3.8 厘米。

蹄底由蹄底真皮生成，在与蹄踵交界处同蹄踵角质重叠模糊相连，难以清晰分辨。而蹄底与蹄壁是由所谓的“白线”相连接。白线角质是由壁真皮（亦称小叶状真皮）生成，壁真皮也是悬固第三趾骨的组织。白线始自蹄底轴外侧的蹄踵区，经绕蹄尖，在轴内侧继续延伸，并在轴内侧总长度 2/3 处向上离开负重面。

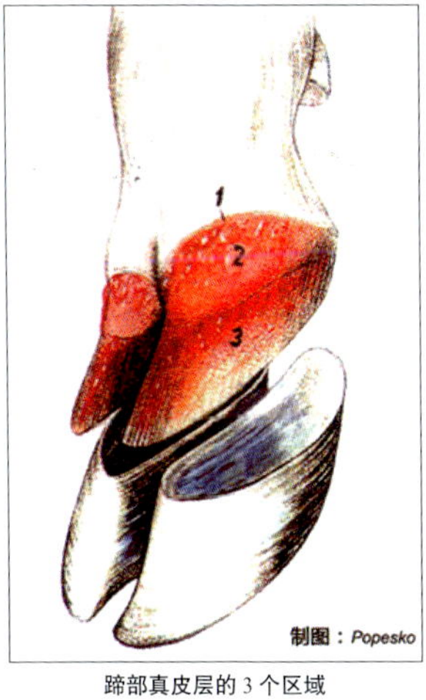

蹄部真皮层的 3 个区域

1. 蹄缘真皮 2. 冠状真皮 3. 小叶状真皮

蹄底真皮为蹄部真皮层的第四个区域，位于蹄底侧。

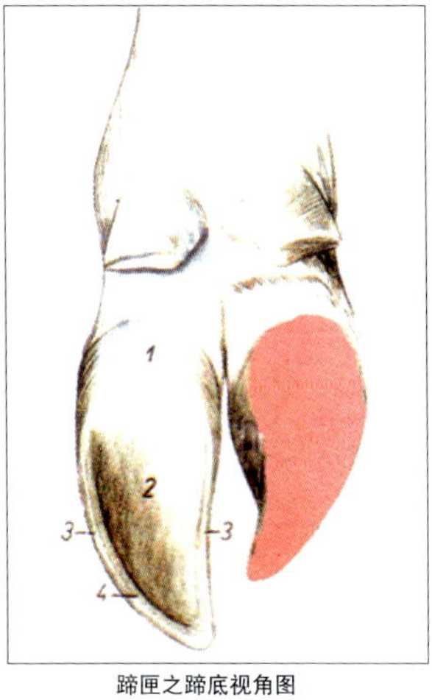

蹄匣之蹄底视角图

1. 蹄锺 2. 蹄底 3. 蹄壁 3. 白线

图 2-2 牛蹄结构模型

白线是一个重要的独特结构，是蹄匣中最软的角质，为蹄壁的硬角质与蹄底的软角质提供了柔韧的连接。但是，由于其性质柔软，自然也是负重表面的脆弱点，极易造成损伤，这将在后面白线疾病章节详细探讨（参阅图 2-2）。

三、牛蹄悬固组织和支撑结构有哪些特点?

目前，人们对奶牛蹄悬固组织和支撑结构的了解还十分有限。最新研究显示，这些精细结构能提供大量蹄病发病机理的有价值信息。

形象地说，像奶牛这样的有蹄类动物（包括所有偶蹄类动物和单蹄类动物）均“悬固”在其蹄子里；即这些动物像穿鞋一样穿着蹄子，而不是站在蹄子上面（参阅图 2-3）。再进一步详细描述：第三趾骨由蹄壁真皮和一系列高强度胶原纤维束悬固在蹄匣内，这些胶原纤维束一端嵌入第三趾骨表面附着连接区域，另一端则延伸至表皮的基底膜，即真皮和表皮交界处。真皮和表皮之间的界面由真皮指状突和表皮小叶构成。这样的结构能使第三趾骨悬固在蹄匣内，故而体重能以张力形式转移到蹄匣的蹄壁上。

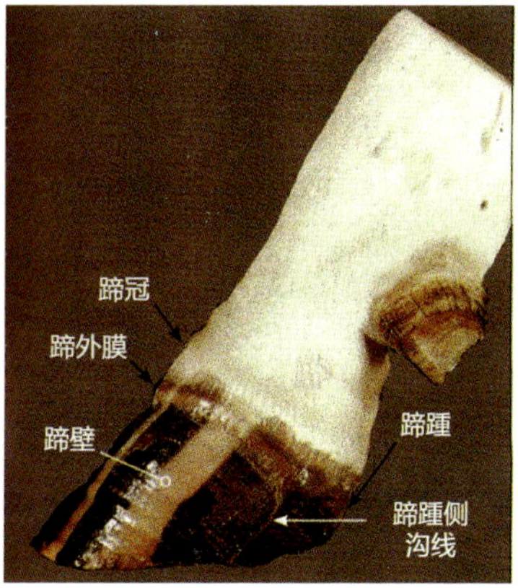

图 2-3　蹄外部图

马类动物主要依靠蹄壁负重；而奶牛则需将负重转移到蹄壁以及蹄底和蹄踵内的支撑体系上（参阅图 2-4）。奶牛蹄支撑体系的主要构架由蹄底真皮、相关结缔组织和蹄垫（也称指状垫）组成。蹄垫内充斥着疏松结缔组织和大量的各种脂肪组织。蹄垫上排列着三串相互平行的圆形柱体，类似于运动鞋底的缓冲气垫（参阅图 2-5）。这些蹄垫具有减震器功能，能够保护真皮并有助第三趾骨在蹄踵区内有限活动。新近研究表明，蹄垫中脂肪含量和缓冲能力随年龄变大而增加，这一点对防治奶牛蹄病有着重要意义。

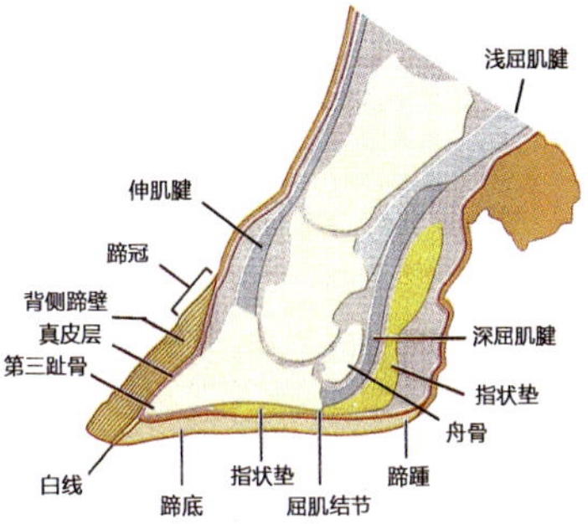

图 2-4　蹄部解剖图

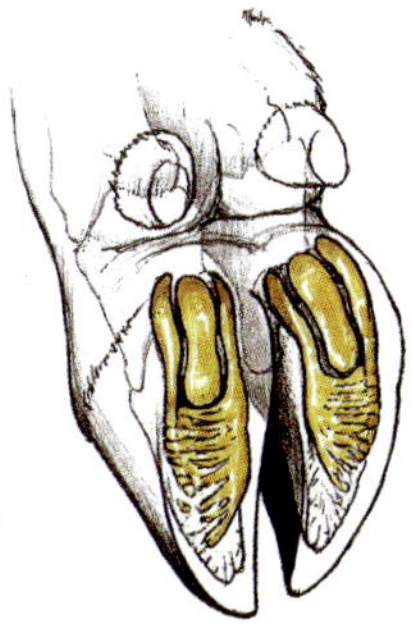

图 2-5　黄色区域为蹄垫，在蹄内发挥减震作用

四、角质如何正常生成？

表皮的角质生发层及其支撑皮层结构，即真皮由 4 个不同的区域组成，每一区域生成结构相异的一种角质，分别为：蹄缘角质，蹄壁角质，小叶层角质（白线）和蹄底角质。蹄缘角质覆盖蹄缘真皮，就位于皮肤与角质连接点下方，并延伸至蹄后侧，形成蹄踵角质。蹄壁角质由冠状真皮区生成，冠状真皮位于蹄缘真皮与壁真皮之间。白线，也被称为小叶层角质，是由壁真皮区域生成并覆盖其，该区域非常敏感。蹄底角质覆盖蹄底真皮，形成蹄底。真皮的 4 个不同区域参见图 2-6。

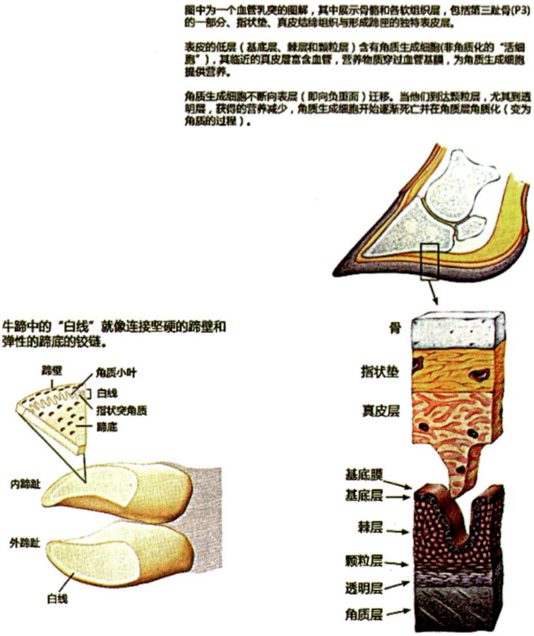

图 2-6　奶牛蹄部微观解剖结构

真皮富含血管网络，分布至靠近皮肤表面的真皮乳头。真皮乳头也称“血管乳突”，每一血管乳突均由一条主小动脉和一条主小静脉组成，并在乳突尖端处通过毛细血管床相连。在主小动脉和主小静脉之间还存在数个血管支流。发生蹄叶炎时，这些血管支流有可能开放，从而降低了血管乳突尖端处的血液供应，这会不利角质细胞生成。新近研究发现，这些血管支流鲜见于奶牛真皮层，多出现于血管系统受损后。

表皮层覆盖着血管乳突，其生成的角质细胞排列呈细管状，故称为管状角质。管间角质在血管乳突之间生成，与管状角质互相连接。每平方毫米冠状真皮表面约有 80 个血管乳突。这意味着，紧密排列的管状角质由管间角质黏合在一起而构成蹄壁。与此对比，蹄缘真皮和蹄底真皮，每平方毫米则只具有大约 20 个血管乳突。由于管状角质排列密度决定了蹄匣结构强度，因此管状角质最紧密的蹄壁角质结构自然最坚固，而蹄底和蹄踵角质坚固程度则次之。

角质质量和强度在角质化过程中会逐渐增强。角质化过程中，细胞内合成角蛋白丝来强化细胞结构，从而提高其硬度和强度来抵消机械外力冲击。与此同时，细胞内角蛋白丝也经过一个称之为交联过程，即角蛋白丝通过化学键进行更紧密相连，使角细胞在向外部迁移时（到达蹄匣外部）硬度和强度更高。

白线角质是由覆盖在真皮乳头上的生发上皮（也称为真皮盖或乳突盖）生成，生发上皮突出于壁真皮褶皱。白线角质系非管状角质，因此较软、有弹性，并且更新较快。由于更新较快，所以角化成熟度较低、比较柔软、易磨损及受环境影响较大。

角质质量取决于若干内外因素。内在因素包括血液和营养供应，而外在因素则与环境影响有关。角质生成需要有良好的血管系统支持，任何损伤血流供应的情况都不利于角质生成。

角质生成也依赖于蛋白质、能量、钙和磷的充足供应。微量营养素，如半胱氨酸和甲氨酸等含硫氨基酸，在角蛋白丝交联过程中是必不可少的。微量元素，如锌、铜以及维生素H（生物素）等，在角细胞角质化过程中起着重要作用；这些微量元素对蹄角质细胞膜间黏合物质的完整性也非常重要。

极端环境也能影响角质质量，如在干燥环境能变得干燥坚硬，而在高湿条件下则变得非常柔软。角细胞和细胞膜间黏合物均会受到某些化合物的影响。例如，曾有研究报道，接触硫酸铜会破坏细胞膜间黏合物，使蹄角质变脆。同样，蹄部总是处于粪尿中，会破坏角细胞和膜间黏合物质，造成角质磨损加快，就如在蹄踵糜烂中观察到的那样。最后，内外因素会协同作用生成劣质角质。例如，因蹄部血液供应变化诱发蹄叶炎导致劣质角质生成，而劣质角质则会使蹄部更易受到环境因素的影响。

蹄壁角质以每月约 0.6 厘米的速度生长；而蹄底角质生长速度稍慢，每月只生长约 0.3 厘米。营养供应充足的青年牛，蹄角质生长速度可达正常生长速度的 2.5 倍。角质生长速度取决于多种因素，包括品种、发育是否正常、营养和环境因素，以及血液供应是否完善等等。例如，自由卧栏式饲养的奶牛角质生长速度比放牧饲养或拴系式饲养的奶牛要快；夏季蹄部角质生长和角质化的速度要比冬季快。

五、如何识别奶牛正常步态?

奶牛步态分为“站立阶段”(站立姿势）和“迈步阶段”(运动形态，然后回到站立姿势)。迈步阶段又被分为收缩阶段和伸展阶段。收缩阶段从站立姿势开始，奶牛将身体重量转移至提供牵引力负重蹄的蹄底；身体向前移动，此时牛体重量分配至四蹄的蹄底，继之肢蹄向牛体收缩（或向上提升)，收缩阶段结束。一旦蹄部离开地面同时往前伸展，即进入伸展阶段（蹄部向前移动并落在地面)。在这一阶段，蹄踵首先着地，蹄底恢复正常负重位置，此时伸展阶段完成，奶牛又处站立姿势。从某种意义上说，后肢负责推进牛体前行，而前肢更多负责支撑牛体重量。步态特征随着地面湿滑程度而改变。例如，在粪水覆盖的水泥地面，奶牛会减缓行走速度，同时改变肢蹄角度并缩小步幅，从而确保在安全欠佳地面尽量提高行走稳定性。

六、负重如何影响蹄部过度生长?

正常情况下，对蹄底冲击力在运动期间会被均匀分摊并由蹄底真皮、蹄垫、壁真皮及其与蹄壁之间的附属连接结构、支撑韧带和肌腱所吸收。然而，蹄部负重也受其他重要解剖结构因素影响。因此，若要了解蹄部角质过度生长和蹄病时，这些影响因素也必须予以考虑。

1.解剖学注意事项

后蹄内外趾结构有很大差异（参阅图 2-7）。首先，后蹄外趾较大，负重面更平展，有助于提高稳定性。相对而言，内趾较小，其蹄踵与蹄内侧壁发育不够完全，所以其负重面向蹄内侧壁倾斜（换言之，从蹄外侧壁向趾间隙倾斜）。因此，奶牛向前行进、蹄部着地时，体重从内趾转移到外趾，结果导致外趾负重更多。随着时间推移（特别在坚硬地面），真皮层会不断受到刺激，从而加速外趾角质生长。

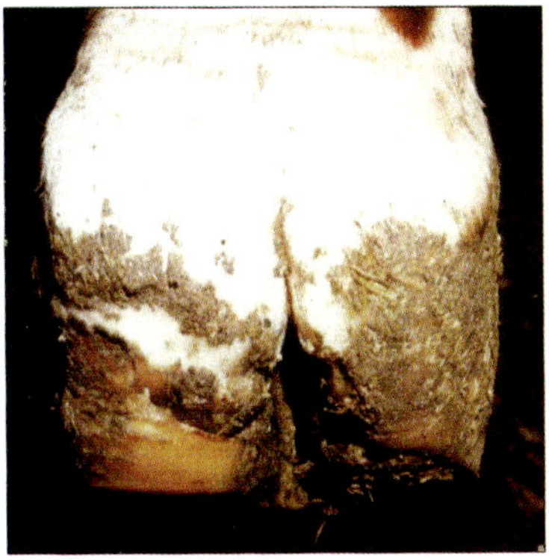

图 2-7　后蹄内外趾比较：如图所示，后蹄外趾较发达和稳固，而内趾较小和欠稳固；但前蹄蹄趾更稳固，不过负重稍微集中在内趾，因此跛行也多发生在前蹄内趾。

2.运动过程中负重变化

理想状态下，内趾和外趾负重应该相同。然而情况并非如此，至少有 2 个原因：

1）臀部左右摆动使外趾负重增多。

2）庞大的泌乳乳房使两后肢向外分开，自然使更多体重转移到外趾。

奶牛后肢通过一个球窝式关节（髋关节）与骨盆相连，形成具有刚性的骨架结构，以支持奶牛后躯和后肢。从后侧观察奶牛正常站立时，其体重均匀分布在后蹄的四个蹄趾。然而，在运动期间，蹄趾间的重量分布将会发生变化。奶牛在运动时，蹄部负重是不断变化的，但内趾负重基本不变，较为恒定；而外趾自动调节负重变化（参见图 2-8）。蹄部负重分布的不断变化是刺激真皮的主要因素，真皮受到刺激会导致蹄部角质加速生长，并导致外趾发病率较高。

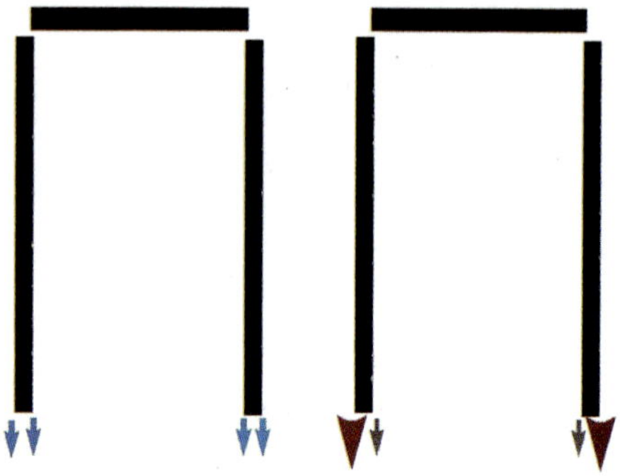

图 2-8　奶牛后蹄各趾的负重：理想情况为每个蹄趾应该负重相当，如左分图所示；但往往外趾负重更多，且生长过度，如右分图方所示。

水泥或其他坚硬地面会增加负重对奶牛蹄部的影响；而饲养在土质地面的奶牛，蹄部受到的地面冲击力会比坚硬地面低。实践中，当奶牛（尤其育成牛）从放牧转为舍饲时，可能会由于物理应力改变而引发蹄叶炎，从而造成跛行。坚硬地面由于其坚硬而无弹性的自然属性，使蹄部受到的冲击力更大，并刺激真皮增加血流量，从而加速蹄部角质生长。若蹄趾生长过快，尤其是后蹄外趾，将会导致生长过度，进而造成该蹄趾进一步超负荷负重。这将使奶牛感到不舒服，因此会采取跗关节向内，形成 X 形站姿来缓解不舒服。尽管改变了站姿，但其外趾仍负重过多，结果导致外趾继续过度生长和罹病风险增加。

3.前蹄的负重

前蹄情况与后蹄有所不同。前蹄各趾大小相若，负重面均匀且负重稳定。此外，肩部骨骼结构构成和软组织赋其更加灵活。前肢并不是以球窝关节连接在牛体，而是靠肌腱和韧带连接躯干，并由这些肌腱和韧带来缓冲蹄趾之间负重分布变化所带来的冲击。因此前蹄承受的冲击力并不显著，故前蹄发病和跛行并不常见。

七、过度生长蹄趾对负重会有哪些影响?

过度生长大多发生在蹄趾尖。随着蹄趾尖变长，趾尖部位蹄底同时增厚，迫使负重轴朝蹄踵方向后移，使重量集中在蹄底和蹄踵溃疡部位（此时常发生蹄踵溃疡）。修短趾尖和削薄趾尖处蹄底可使负重轴前移，从而减轻蹄底和蹄踵溃疡部位的负重，避免溃疡进一步恶化。（修蹄内容将在后面章节中详述）

一般成年体型荷斯坦奶牛，后蹄内趾前壁合适长度约为 7.6 厘米。对应此前壁长度，蹄底厚度须约为 0.6 厘米，这是能够保护真皮层的最小厚度。若蹄前壁长度小于 7.6 厘米，则蹄尖处的蹄底厚度可能会小于 0.6 厘米，此厚度在坚硬地面将不足以承受奶牛体重。

由于蹄壁较蹄底硬且生长更快，因此经常会导致外侧（远轴）蹄壁过度生长现象。与蹄尖过度生长一样，外侧蹄壁过度生长也会把负重转移到蹄底溃疡部位。外侧蹄壁和蹄尖过度生长的综合效应使得相关部位超额负重，导致蹄底溃疡发病率显著升高。修整过度生长的外侧蹄壁能使负重向其他部位转移，从而减缓蹄底溃疡继续恶化。

正因为上述原因（过度生长、超额负重和负重变化），所以必须对奶牛蹄部定期检查和修整。某些情况下，尽管有负重影响，但只要蹄角质生长与磨损速度持平，就没有必要修整蹄部。当蹄角质生长超过磨损速度时，则需要修蹄以校正负重差异。某些自由卧栏牛舍饲养的奶牛，其蹄角质磨损速度可能超过生长速度，如在这种情况下强行修蹄，则只会加剧本来已经严重的蹄部问题。总之，欲对蹄部护理和修整做到正当其需、得其所宜，首先就应对奶牛蹄部的解剖结构和因角质生长而导致的蹄部受力变化均有充分透彻的了解和完整准确的理解（参阅图 2-9）。

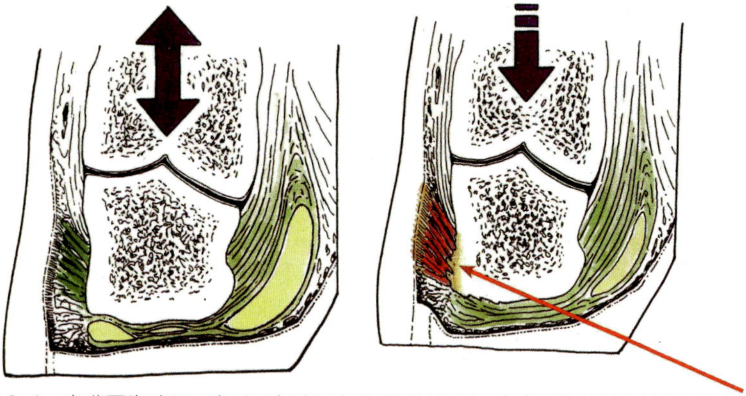

图 2-9　左分图为蹄骨正常悬固在蹄匣内的后视结构图；右分图为被拉长的悬固组织（红色所示）及第三趾骨出现的粗糙表面，箭头所示，可见趾骨在蹄匣内下沉。

八、现场修蹄员工需要特别关注哪些?

1.说明

本文有关奶牛蹄部解剖学术语和名词，虽然已同我国高等院校兽医专业解剖学和外科学现行通用教材相关内容尽量进行了比照和更正，但仍略嫌欠准确和统一。将来，我们会与我国兽医界解剖学权威和外科学权威商榷，将这些术语和名词进一步规范化。

2.感慨

1）40 年前，自己在西北农林科技大学求学期间，田玖畴教授（兽医解剖学）和孙世希教授（兽医外科学）曾向我认真传授了动物肢蹄大体解剖结构基本知识和跛行诊断常用技术。不过，当时这些均以马类动物为主要对象。时至今日，马类动物已不多见，但奶牛蹄病却成了奶牛养殖业最头痛的问题之一。当年学习和掌握的那些，远不足应付目前广泛存在的奶牛蹄病挑战，这也是为什么我年过花甲仍要从小学生 ABC 开始学起的原始动力。

2）目前我国奶牛养殖业流行的“奶牛跛行评分系统”源自发达国家，当然有其重要的实践意义。不过，这种评分系统只是鉴别了奶牛是否有跛行和跛行严重程度如何，并未准确揭示造成奶牛跛行的患病部位。我国中兽医在这方面却积累了相当丰富的经验，例如众所周知的“敢抬不敢踏，必定在蹄下；敢踏不敢抬，必定在蹄上”等。将来，似乎有必要将中西方各自在这方面的特点结合起来，以形成更完善的“奶牛跛行评估和诊断系统”。

第三章　非传染性蹄病有哪些？

如前所述，发达国家在过去 50 年和我国在过去 20 年，奶牛养殖方式业已发生了许多重大改变。原先是以拴系式和放牧式饲养模式为主，但目前约有 75% 的奶牛群体以散栏式或露天憩息场式（我国称运动场式）饲养。由于后者模式使奶牛群体获得了更好的饲喂与憩息环境稳定，故奶牛个体和奶牛群体的生产性能均稳步提升；与此同时，奶牛群体规模也在不断增长：过去 30 年内，美国奶牛场平均泌乳牛群规模已经从最初的 29 头增至 316 头以上，当下拥有至少 3500 家存栏逾千头（混合牛群）的奶牛场；而我国目前至少拥有 1400 家存栏逾千头（混合牛群）的奶牛场。出于奶牛群体规模扩大需要，铺设水泥地面已成为奶牛群体行走的主要地表系统。不过，奶牛群体却因这种变化付出了沉重代价，证据是：散栏式饲养的奶牛群体通常跛行发病率更高，这乃归咎于在水泥地面环境长期活动所致。

为叙述奶牛跛行蹄病方便、清晰和准确，我们将奶牛蹄底各对应组织区域以数码表示（参阅图 3-1）。造成奶牛跛行最常见的非传染性病因有：蹄底溃疡（参阅图 3-2）、白线病（参阅图 3-3）、过度磨损或修蹄过度造成的薄蹄底 - 蹄趾性溃疡（参阅图 3-4；Thin Sole Toe Ulcers ；TSTU）和蹄底损伤（参阅图 3-5）。奶牛围产期发生的代谢紊乱疾病，如瘤胃酸中毒和蹄叶炎，以及伴随围产期发生的其他一些生理因素改变亦会使上述病变更易发生。当然，坚硬粗糙水泥地面则会更进一步加剧上述病变，如损伤蹄底、诱发蹄趾角质过度生长和改变负重，等等。以下我们分述这几类跛行疾病。

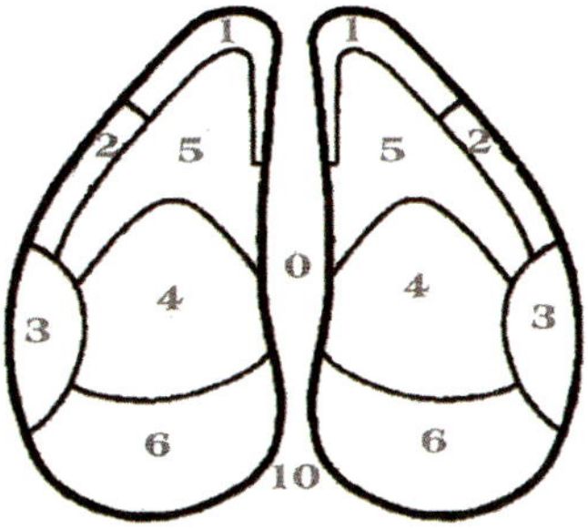

图 3-1　示蹄底分区图解：1 区 = 趾尖白线区；2 区 = 远轴侧白线区；3 区 = 远轴侧蹄壁 - 蹄踵结合部；4 区 = 蹄底 - 蹄踵结合部；5 区 = 蹄底三角区；6 区 = 蹄踵；0 区 = 蹄底趾间区；10 区 = 蹄底趾间区。

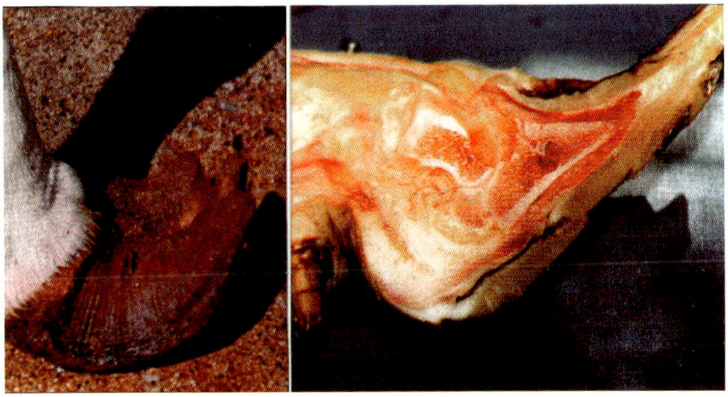

图 3-2　左分图示慢性蹄叶炎外观形态；右分图示患蹄纵剖面：可观察到蹄底溃疡和第三趾骨向下倾斜及蹄尖过度生长。

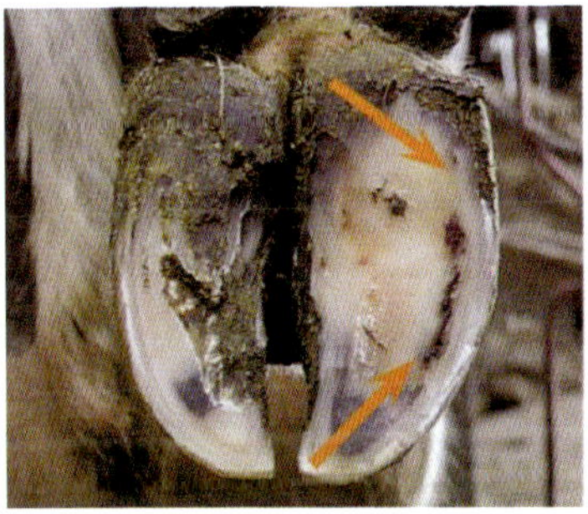

图 3-3　示白线病。

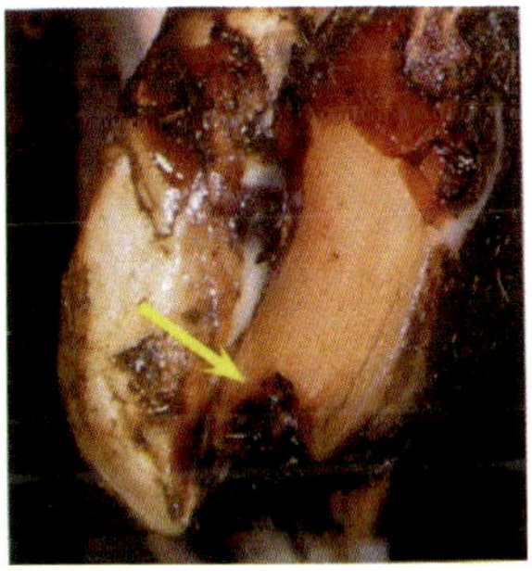

图 3-4　示修蹄过度造成的薄蹄底 - 蹄趾性溃疡。

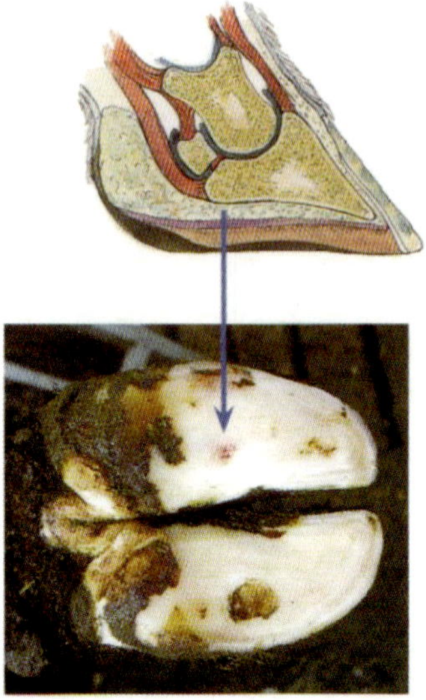

图 3-5　示过度负重造成的蹄底损伤。

第一节　蹄叶炎（无菌扩散蹄真皮炎）

一、引言

其实，动物蹄叶炎古人业已观察到。马蹄叶炎早至 2000 年前就已为人们认知，当时描述为：“血液向下流入马蹄部，导致瘀伤，如果不及时治疗导致病变化脓，则需要很长时间方可愈合。”1691 年马蹄叶炎正式定义命名；1839 年首例牛蹄叶炎描述报道。1963 年对牛蹄叶炎进行了第一次全面而系统的临床和形态学研究。直到今天，1963 年当时的那些发现和描述依然影响着我们对蹄叶炎的理解。1976 年，牛蹄叶炎划分为急性、慢性和亚临床性 3 种类型，沿用至今。病理学家使用急性、慢性和亚临床性这 3 个词描述炎症的不同阶段，系指炎症持续时间而非炎症严重程度。

蹄叶炎顾名思义是指悬固第三趾骨和连接蹄壁内表面小叶状真皮发炎（属无菌扩散炎症，即非传染性蹄病），目前泛指真皮损伤而造成蹄壁角质劣质的所有状况。蹄部血液循环紊乱是造成蹄叶炎的重要发病原因，其特征为真皮层血液流通受阻，导致炎症反应以及蹄匣内第三趾骨悬挂组织损伤（参阅图 3-6；第三趾骨悬挂组织结构可参阅本书“奶牛蹄部解剖学有哪些特点？”章节相关内容）。以下简要阐述蹄叶炎呈现的各种症状，并对其发病机理及相关组织病理变化进行简洁概述。

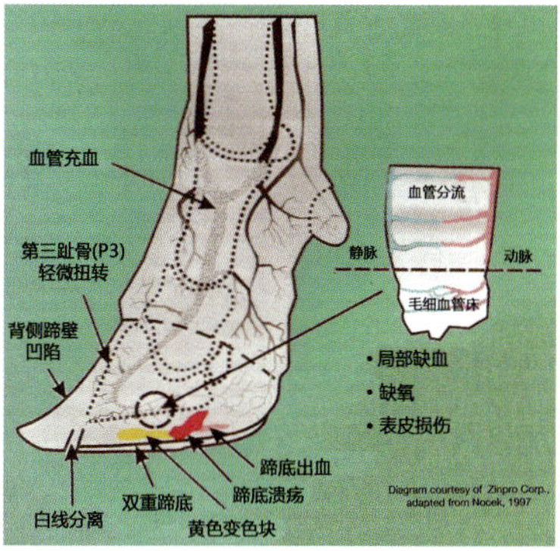

图 3-6 示蹄叶炎发病机理

1.急性蹄叶炎（参阅图3-7）

急性蹄叶炎的发病率很低且呈散发，以头胎牛泌乳初期 30 天内发病率最高。临床症状包括肢蹄僵硬、疼痛和行走极度困难。马类动物急性蹄叶炎常呈前肢前伸姿势站立，而罹患急性蹄叶炎奶牛则会背部拱起，四肢尽量伸向身体正下方，以一个像“扎帐篷”似的姿势站立。因为真皮层发炎疼痛剧烈，所以大部分患牛常常会长时间处于趴卧状态或跪卧状态。若迫使患牛起立，则会加剧其不适和疼痛。有时还会观察到蹄冠和蹄踵明显发红、肿胀和变软。此外，触摸蹄壁和蹄冠会感到发热。实用治疗流程应包括镇痛。但不幸的是，奏效治疗手段并不多，仅限于给予患牛阿司匹林镇痛和将其转移至较柔软地面（如草地、软松土地或沙土地、铺垫厚褥草或垫料大通铺，或无水泥和碎石区域），除此之外几乎实无其他选择。治疗无效的患牛应淘汰；如病情特别严重，则不必尝试治疗，需立即淘汰。

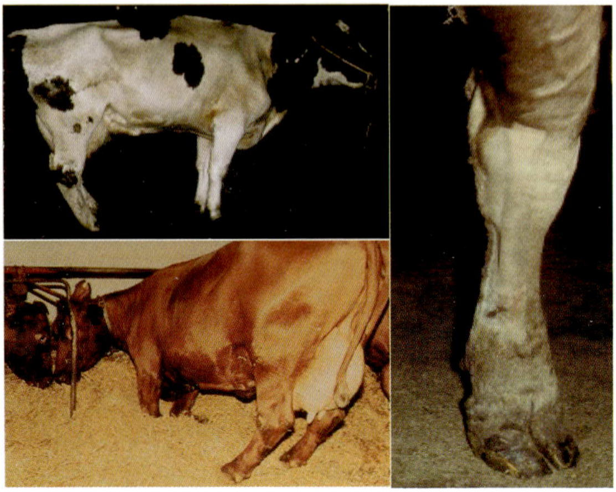

图 3-7　示急性蹄叶炎不同临床症状表现；注意右分图明显可见后肢皮下大静脉充血怒张、触觉蹄温高和蹄趾脉搏清晰。

2.慢性蹄叶炎（参阅图3-8和图3-9）

慢性蹄叶炎的临床症状通常难以察觉，但随时间推移，蹄壁会发生明显变化。慢性蹄叶炎会导致蹄趾变宽和变扁，并在蹄壁表面形成特殊的环状皱褶，这种皱褶有时被称为“苦难纹（类似树干的年轮）”。其真皮层病变与急性蹄叶炎症状类似，但病变速度较为缓慢，故而引起奶牛不适迹象甚难发现。

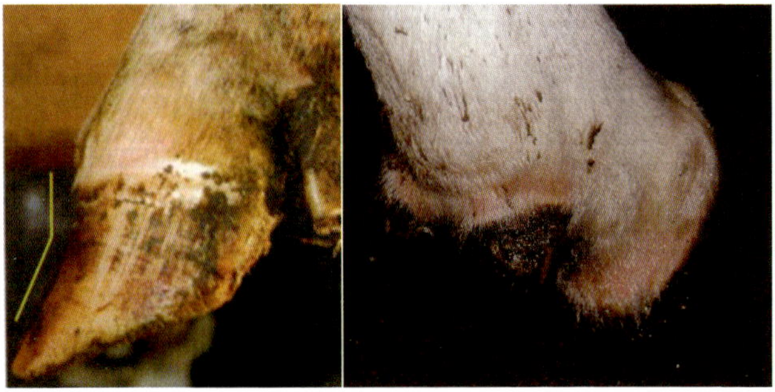

图 3-8　示慢性蹄叶炎，注意右分图蹄部红肿常由于产后日粮突然增加精料所致，一般 2 ~ 3 日后就应消失；如果未消失，则表明产后日粮配方有问题，继发慢性蹄叶炎的风险极高。

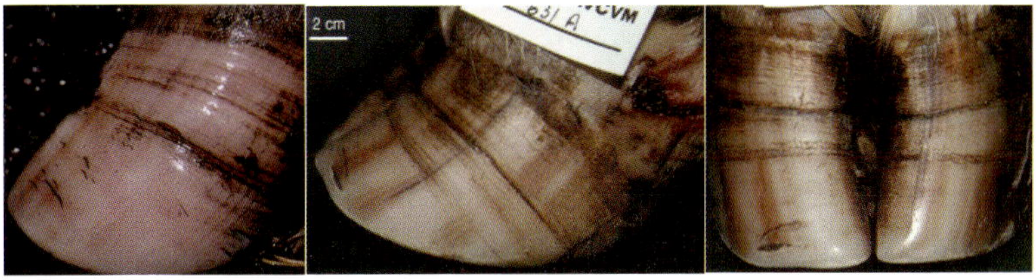

图 3-9　左分图示最简单纹槽，通常称为“苦难纹槽（苦难纹）”，这缘于产后日粮配方突然改变或产后发热性疾病如子宫炎等而形成。中分图示纹槽很深呈现裂纹，这表明产后发生过非常强烈短期的应激反应；纹槽越明显，当其延伸至蹄趾内侧时，蹄趾背壁就越有可能沿纹槽内陷弯曲。右分图示距离蹄冠最远纹槽代表分娩时间，而最靠近蹄冠纹槽系近期日粮配方突然变化所致。需要强调的是“苦难纹”只是反映患牛既往曾罹患慢性蹄叶炎，并不反映当下该牛罹患慢性蹄叶炎。

3.亚临床蹄叶炎（参阅图3-10）

亚临床蹄叶炎系蹄叶炎中较为常见的形式，其无急性蹄叶炎所具有的临床症状特点。亚临床蹄叶炎有时被认为是一种综合症状，其与第三趾骨下沉和蹄角质脆弱而致抗物理压力功能差所造成的多种继发病变密切相关。不难理解：劣质角质会使蹄匣逐渐发生轻度至中度结构异常；还会加速蹄底磨损和增加蹄底损伤或碰伤风险；同时病原体侵入蹄部特别是白线处更为容易。

罹患亚临床蹄叶炎牛群，常会发现由白线病、蹄尖溃疡、蹄底溃疡和蹄踵溃疡导致的跛行增多。因此，当奶牛群体蹄部发病率较高时，应重点考虑亚临床蹄叶炎是否为导致蹄病增多的主因。与急性蹄叶炎和慢性蹄叶炎一样，亚临床蹄叶炎的高发期在头胎牛泌乳初期 30 天内，这归咎于若干因素，我们随后论述。亚临床蹄叶炎特有蹄部病变包括：

1）蹄底可视出血：蹄底淤血或蹄底角质呈粉色，或条纹状出血。

2）蹄底角质非常软，呈淡黄色，蜡状质地，易用修蹄刀切割。

3）溃疡和白线病为主要病因所导致的跛行增加。

在修蹄和治疗跛行时，应定期复查陈旧病变，以便尽早发现亚临床蹄叶炎。

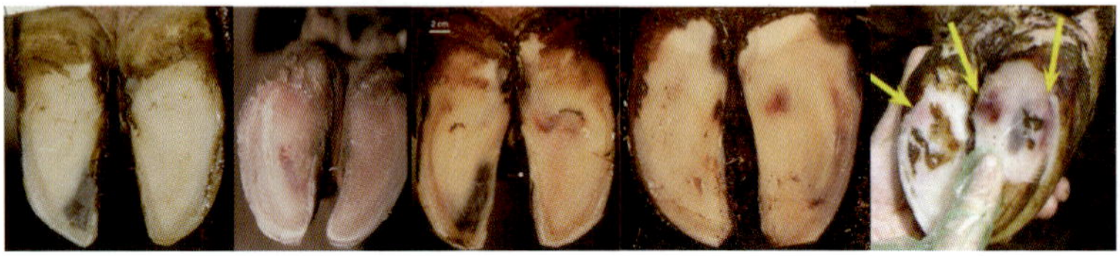

图 3-10　示亚临床蹄叶炎：除左分图为正常蹄底外，其他各分图由左至右，依次示亚临床蹄叶炎蹄底由最初轻度病变逐渐发展到严重病变的过程。

二、蹄叶炎发病相关局部解剖组织学有什么主要变化？

本书第二章“奶牛蹄部解剖学有哪些特点？”业已描述过牛类动物蹄部解剖组织结构特点，为使大家更好地理解蹄叶炎发病机理，有必要将与蹄叶炎发病相关局部解剖组织学再复习一下。牛蹄真皮层由 4 个不同区域组成。

1. 蹄底真皮：生成蹄底角质。

2. 蹄缘真皮：生成位于皮肤与角质连接点下方的角质（类似于人类角质化表皮）和蹄踵角质。

3. 小叶状真皮：生成白线角质；小叶状真皮也包含第三趾骨悬附组织胶原纤维束。

4. 冠状真皮：位于蹄缘真皮下方和小叶状真皮上方，生成蹄壁角质。

与真皮相邻（从内向蹄匣外壁方向）的是基膜和组成蹄部角质的一系列上皮细胞层；包括（从最深到最浅表）生发上皮、棘层、透明层和最外层的角质层。生发上皮含有 2 类细胞：角质生成细胞和基底细胞。角质生成细胞数量最多，在其胞内可生成并积聚角蛋白。基底细胞具有自身复制和分化成角质生成细胞 2 种功能。随着基底细胞不断分化成角质生成细胞，其也通过不断自身复制来稳定基底细胞数量，从而维持生发层的正常功能。

角蛋白是一种纤维状硬蛋白，能赋予角质生成细胞强度，提供其抵御物理和机械外力作用。每个角质生成细胞之间生有胞间黏合质——这是一种能将细胞黏合起来的脂蛋白，如同砌墙时砖块之间的灰泥。生发层细胞和棘层较下层细胞均为“活细胞”，可吸收从真皮层透过基底膜扩散而来的营养。由于角质生成细胞从真皮层自然地往外移出，逐渐远离其营养源，因此这些细胞在到达棘层上层和透明层的过程中，处于一个持续且逐渐凋亡状态。

最外层是角质层，这里的角质生成细胞无法从真皮获取营养，所以完全死亡并角质化。任何破坏真皮层血流的情况如蹄叶炎，不仅仅影响真皮层，还会影响表皮层内终将成为蹄部角质的角质生成细胞。蹄壁外展（牛蹄像扁平桨状）和蹄壁背侧内凹或呈现纹槽均表明角质质量差（角质生成细胞未能最佳角质化），这也是罹患蹄叶炎尤其是慢性蹄叶炎的主要特征之一。

三、蹄叶炎的发病机理是什么?

蹄叶炎的发病机理与真皮层内血液微循环紊乱密切相关，这种紊乱引起炎症反应，并释放出若干酶，这类酶可破坏分解真皮与表皮之间的连接（即真皮与蹄壳之间的连接）。通常认为瘤胃酸中毒是诱发蹄叶炎的主要病因之一；其对蹄部的破坏过程大致如下：瘤胃酸中毒病程发展的同时，多种血管活性物质，如内毒素、乳酸盐和组织胺等被释放进入血液中，这些血管活性物质可引发真皮层血管系统一系列异常：即小动脉扩张和小静脉收缩同步发生而致血流减少，导致内皮细胞损伤，进而血液渗漏到真皮血管外组织，即血管周边组织。

微血管系统血液流动滞缓将会使真皮层血管系统异常进一步恶化，如引起血栓、局部缺血（缘于血流中断或受阻）和缺氧，以至于动静脉分流，即血液不经过毛细血管床就直接从动脉流入静脉；最终真皮组织出现炎症伴有水肿、出血和坏死。随之出现功能紊乱，包括：一种被称为“基质金属蛋白酶”的强力酶被激活，其能降解第三趾骨悬附组织胶原纤维束；激活表皮生长和坏死因子，继而造成基膜与毛细血管壁结构改变，并使以上病变更趋恶化。

这些对血管的影响也阻止了上皮生发层角质生成细胞分化和增殖，导致棘层内角质细胞角质化减少，使蹄壳结构刚性和强度均降低。显而易见，如果角质细胞未正常角质化，那么蹄壳角质对机械冲击、化学物质和病原体入侵的防御机制均会被削弱。事实也确实如此，曾有人指出：罹患蹄踵糜烂奶牛，如有蹄叶炎病史，则糜烂病变将更为严重。

1.第三趾骨悬附组织病变造成的后果是什么?

蹄部小叶状真皮层（敏感层）系第三趾骨主要悬固组织；其固定在第三趾骨外侧、前侧和内侧表面的层状褶皱向外延伸，与蹄壁薄瓣相互交错联接，使奶牛四肢能够“悬挂在蹄壳内”，参阅本书第二章“奶牛蹄部解剖学有哪些特点？”相关内容。第三趾骨之下，即为其底层支撑结构组织，由从蹄底真皮和蹄缘真皮生成的疏松结缔组织构成，并形成指状垫向蹄部后方延伸。指状垫由疏松结缔组织和脂肪组织构成，系很重要的支撑结构，因此在近几年已成为研究人员的关注对象。有研究结果显示，指状垫内脂肪大小和类型与跛行密切相关。

炎症引起真皮与表皮相连处受损，结果使第三趾骨悬固组织弱化，导致第三趾骨容易向下移位和扭转，结果造成：第三趾骨和蹄底之间真皮层和支撑组织受到压迫，发展成蹄底溃疡。某些情况下，第三趾骨尖端扭转会严重到足以引起该区域真皮层功能紊乱并导致发生蹄尖溃疡。相反，若是第三趾骨后部下沉较多，则蹄踵与蹄底连接处受压迫，导致蹄底溃疡或蹄踵溃疡。蹄底溃疡是奶牛最常见的一种蹄部病变，也是造成经济损失最高的跛行原因之一，随后将详述。

2.第三趾骨移位可否发现新机理?

直到最近，大多数人还认为瘤胃酸中毒和蹄叶炎是损坏第三趾骨悬固组织，导致第三趾骨移位，从而引起蹄部病变的首要原因。事实上，英国专家研究资料显示，第三趾骨移位的发病机理远比以前所了解的更为复杂。过去几年观察业已证明：牛蹄（尤其育成牛）负重能力比以往认知的要低许多，特别是在围产期。而如果奶牛主要憩息活动在坚硬地表，那应该是引起跛行最重要的诱因之一。

3.“蹄酶”作用是什么?

英国研究人员新近发现了一种被命名为“蹄酶”(Hoofase）的酶；“蹄酶”与其他参与胶原蛋白重组的若干酶类相互关联。这些酶于头胎牛产前生成，随后数周内增多。这些酶会影响第三趾骨蹄匣内悬固组织结构的完整性；但有趣的是，这些新产头胎牛和对照组育成牛中均没有发现大量与瘤胃酸中毒相关的酶类。奶牛舒适度也与蹄部结构恶变有关。关于“蹄酶”，还会进一步叙述。

4.围产期激素对第三趾骨有何影响?

英国研究人员提出了另一种能够引致蹄壁与第三趾骨之间真皮—表皮相连处弱化的机理。他们的研究表明，悬固组织弱化可能是由于分娩前后激素变化引起的，特别是分娩前后释放的雌激素和松弛素对盆腔肌肉、肌腱和韧带均具有松弛作用，这自然也会对第三趾骨悬固组织产生类似影响。这本身当然是分娩前后固有原本现象，因此，围产期（产前 4 周到产后 4 ～ 8 周）全程应将这些奶牛安置在松软地面，以降低对悬固组织造成的永久损伤风险。

英国研究人员还发现，与散栏式牛舍饲养（地面较硬）对比，饲养在铺垫厚软褥草大通铺牛舍中的围产期育成牛，其蹄部患病率较低。因而由此得出结论：松软地面更利于饲养围产期头胎牛。尽管绝大多数资料依旧阐述蹄叶炎与饲喂条件以及瘤胃酸中毒的关系，但英国专家研究结论至少提醒我们：为有效降低奶牛群体跛行疾病的发病率，应置围产期奶牛在较松软地面憩息活动和尽量提高其舒适度。

四、蹄尖溃疡、蹄底溃疡和蹄踵溃疡是如何形成的？

其实，前已简要述及蹄尖溃疡、蹄底溃疡和蹄踵溃疡是如何形成的。为增进同道们记忆，我们再次强调一遍：第三趾骨移位将导致其与蹄底之间蹄底真皮层和蹄缘真皮层受到压迫，因此，蹄尖真皮层、蹄底真皮层和蹄踵真皮层均会受到挤伤，继而造成真皮层损伤和功能紊乱。若第三趾骨移位涉及其尖端严重扭转，则可能发展成为蹄尖溃疡；反之，若是第三趾骨后部下沉较多，则蹄踵的蹄底真皮和蹄缘真皮受到压迫，将在蹄踵与蹄底相连处发展成为蹄底溃疡，这也是最常发生蹄底溃疡的“典型位置”。

五、如何诊断和治疗溃疡？

溃疡定义是：表皮全层缺损或破裂而使真皮暴露，参阅图 3-9。

蹄底溃疡最早出现的症状是蹄底出血，特别是发生在蹄踵与蹄底连接区域。若按压该区域，患牛会有疼痛表现，则足以证明溃疡已处于临床期。随时间推移，以及因负重所致进一步创伤，蹄底溃疡可能发展为蹄壳全层缺损或溃疡。在临床期之前，尽管有一些出血，但以检蹄器施加压力，患牛可能只有轻微疼痛反应甚至完全无疼痛反应，这时应将患趾蹄踵修低，藉以减轻患趾负重，使患趾得以休息和逐渐康复痊愈。另一方面，如用检蹄器轻微施压就能造成剧烈疼痛，则不能仅仅只是将患蹄蹄踵修低，还需要考虑给健趾黏附蹄垫，以确保患趾完全不需负重（参阅图 3-11）。若对这类溃疡能及早发现并及时处理，患趾通常可在 3 至 4 周内迅速痊愈。

后期溃疡通常伴有跛行，甚至检蹄器轻微按压溃疡部位都能引发剧烈疼痛反应。如清除该区域浅层角质，即可暴露出极其敏感的真皮层。治疗原则是：尽可能保护真皮层不受损伤，削薄溃疡周围角质，使溃疡区域低于正常蹄部负重面；同时使蹄底面向趾间侧倾斜，避免在蹄底留下空洞，以免有机物质积存在内。治愈后期溃疡至少需要 20 ～ 30 天，严重病例甚至长达 50 ～ 60 天。如果能正确适时应用蹄垫，则可使患趾至少 1 个月不需负重，然后再经过 20 ～ 30 天，通过修蹄来调整和矫正两蹄趾之间的负重。此处需要特别强调的是：若真皮层显著受损，则治愈期可能会延长。另外，有一些患牛还可能会由于蹄垫磨损贻尽而需及时更换新蹄垫。

慢性溃疡长期炎症中会形成肉芽组织。对于这种病变，首先通过上述流程进行修蹄；然后用锋利修蹄刀小心地移除肉芽组织，需注意不要损伤肉芽周围正常真皮组织。溃疡并伴随肉芽组织暴露，这类病例肉芽出血和复发率常都很高。

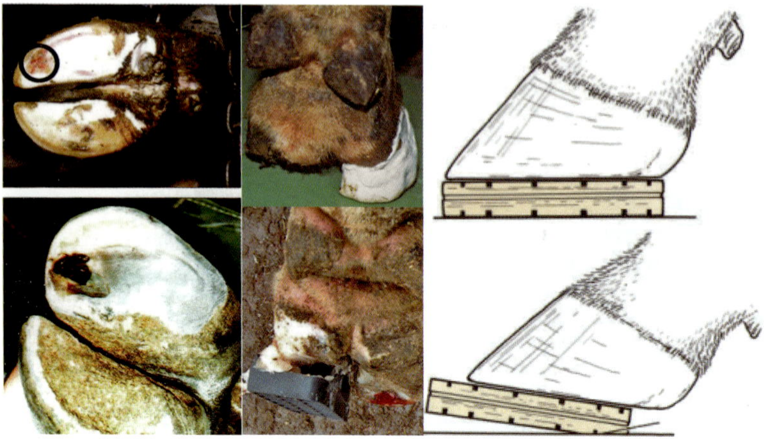

图 3-11　左上分图示蹄底过薄、真皮暴露并与角质分离；左下分图示蹄尖溃疡，暴露出坏死真皮；中上分图示健趾黏附蹄垫，藉以避免患趾继续负重；中下分图示健趾黏附蹄垫后，蹄垫和蹄踵之间留下空间，这会使蹄向前倾斜，故而可减少健趾发生蹄底溃疡的风险，并有助于保护指状垫；右上分图示健趾黏附蹄垫位置正确；右下分图示健趾黏附蹄垫位置太靠前，超过蹄尖过多，健趾着地很不舒服，负重极度失衡，行走依赖蹄踵着地前行。

六、为什么说溃疡是代谢和机械因素相互作用的综合结果?

要完全了解溃疡的发病机理，则必须理解其多因子病因学。如上所述，造成第三趾骨下沉和扭转代谢的因素包括瘤胃酸中毒和蹄叶炎，以及围产期酶活性改变和相关激素分泌变化影响。

最重要的病因是那些造成四蹄之间负重不平衡的机械因素。业已了解：奶牛体重并非均匀分布于四蹄，而是后蹄外趾负重较多。负重增加就会刺激蹄壳角质生长相应加速并导致外趾过度负重，结果增加了真皮层负重而使其受到压迫。蹄尖长度也会影响负重表面生物力学分布：当蹄尖较长时，蹄尖区域蹄底通常较厚，导致蹄底蹄踵连接部位承受更多后躯体重，这是导致蹄底溃疡和蹄踵溃疡的重要诱因。鉴于此，预防保健性修蹄的目的，就是修除超负荷蹄尖过度生长部分，重建蹄趾之间和四蹄之间恰当的负重分配。

最后，指状垫内脂肪大小和类型也成为目前研究蹄底溃疡发病机理的方向之一。指状垫位于真皮层疏松结缔组织之上和第三趾骨之下；其由轴区、中区和远轴区三列大致平行的脂肪圆柱体构成（如手指状），是蹄踵减震器。研究人员发现，育成牛指状垫较小，含有较多饱和脂肪，故减震作用不如成母牛，因而育成牛更易发生蹄部疾患，尤其是蹄底溃疡和蹄踵溃疡。此外，观察罹患蹄叶炎奶牛蹄部，可见第三趾骨下沉导致指状垫受损，其脂肪被更坚硬的结缔组织（甚至是软骨或类似软骨组织）替换。坚硬且缺少弹性指状垫和第三趾骨下沉，这两者结合对真皮层压迫会使蹄踵真皮层受到更大损伤，从而极大增加发生蹄底溃疡和蹄踵溃疡的风险。

七、体况对蹄病有何影响?

多数人印象里，跛行奶牛体重会下降。这一逻辑看似合乎常理，因为跛行引起疼痛，奶牛不愿行走或站立，所以采食次数也随之减少。然而，最近一项研究指出，并不是跛行使奶牛变瘦，反而可能是体况偏瘦会使奶牛易发生跛行。研究人员通过调查501头荷斯坦泌乳牛，研究蹄部病变（溃疡和白线病）与指状垫厚度之间的关系。结果发现：随着指状垫厚度减小，蹄底溃疡和白线病的发病率增加。另外还发现，指状垫厚度在整个泌乳期持续降低，分娩后120天达最低点；同时，体况评分与指状垫厚度呈正相关，即奶牛体况评分升高，指状垫厚度也将相应增加。

以上研究证明了蹄病发生与外部因素关系密切，尤其与密闭牛舍和坚硬地面有关。此外，尽管无理论支持，但可以推断，泌乳前期脂肪动员是导致跛行的重要因素。既往研究结果均指出：指状垫减震性能下降，真皮层就更容易受到机械损伤。奶牛泌乳早期会从全身各个部位动员脂肪来支持泌乳，因此有理由相信指状垫脂肪也会参与脂肪动员。前已述及，体况评分降低时，指状垫厚度也降低，同时指状垫成分也会发生变化。

美国康奈尔大学调查研究显示，蹄底溃疡发病率最高峰发生在泌乳高峰期（即产后 60 ～ 100 天），此时指状垫已缩至最小。这一发现与其他关于指状垫变薄的观察结果如出一辙。瑞士研究人员也指出，奶牛经过四个泌乳期后，其指状垫自然开始蓄积更多胶原结缔组织。指状垫这种变化，使减震效能降低，并在一定程度上解释了为何跛行往往会随着年龄增加而增多。总之，这是一个令人兴奋的研究领域，为解释坚硬地面为何导致跛行增加提供了许多重要线索。

第二节　螺旋状趾

一、引言

螺旋状趾常发生在 3.5 岁龄以上牛的后肢外趾，参阅图 3-12。根据研究，遗传因素是其主要病因；然而，诸如年龄、蹄病史和饲养环境等因素都可能成为诱因。螺旋状趾的典型特征为：外趾蹄尖向近轴侧旋转变形，取代了蹄底、轴侧蹄壁和白线而着地负重。由遗传因素所致螺旋状趾会有几个重要的异常表现：第二趾骨（冠骨）和第三趾骨（蹄骨）错位造成离轴侧弯曲；蹄趾和其内部结构弯曲导致负重集中在离轴侧蹄壁中后区域。

螺旋状趾通常较大，承受了其蹄部大部分负重，结果导致内趾因缺乏负重而不断萎缩退化。由于这种畸形使真皮层异常接近蹄尖远轴区域（区域 1 和 2 连接处；参见后续部分对各区的描述）负重面，故而导致该区域更容易发生白线病变。此外，该区域白线角质通常更脆弱，更容易因外部因素影响而受损。修蹄过程中此处真皮层非常容易暴露，所以修蹄时须特别小心。由于负重增加，螺旋状趾会普遍出现过度生长现象，并且经常展成蹄底溃疡。

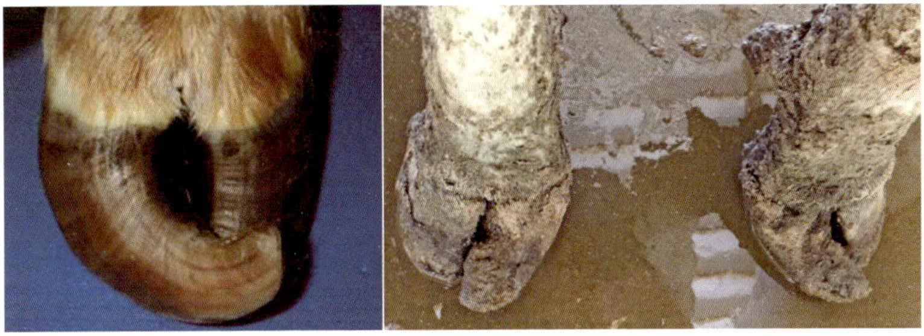

图 3-12　左分图示右后蹄外趾螺旋状趾，通常缘于遗传因素；右分图示两前蹄内趾螺旋状趾，是由于颈枷内或颈轨下尽力朝前采食迫使两前蹄内趾负重过度所致。

螺旋状趾会经由 2 条途径发展成蹄尖病变：

1. 区域 1 和区域 2 负重面发生白线分离。

2. 蹄趾轴侧蹄壁由背侧扭曲并在内侧蹄壁形成若干反常褶皱，这些皱褶往往藏污纳垢，成为厌氧菌近乎理想的繁衍场所，而这些厌氧菌大量增殖将会引起组织坏死并最终发展成蹄尖脓肿。仔细检查螺旋状趾和其存在的损伤，可以帮助判断螺旋状趾是否为蹄尖脓肿诱发因素。避免发生蹄尖病变的唯一方法是定期每隔 3 ～ 4 个月对螺旋状趾进行修蹄，以剔除藏匿在轴侧蹄壁皱褶中的有机污物，同时也能矫正蹄部负重失衡，从而降低螺旋状趾诱发蹄底溃疡和白线病的发病率。

后天性螺旋状趾亦较普遍，常发生于应用饲道饲养肉牛和奶牛，多见于前蹄内趾，有时也能见于后蹄内趾，通常认为与牛只饲道前采食时前蹄负重不均衡有关。饲道前采食时，牛双前蹄被迫并排站立，如饲道管理欠佳，推料不及时，饲料位置较远，牛需全身费力尽量朝前摄取饲料，结果造成前蹄内趾和外趾负重和承受压力失衡，久而久之就会导致内趾发生螺旋状变形。相比之下，牛只草原正常放牧采食牧草时，前肢往往自然叉开，这时前蹄内趾和外趾负重平衡，从而避免因负重异常分布而造成螺旋状趾畸形。因此，应用饲道饲喂奶牛群体，一定需不断将饲料推近牛只，减少其费劲采食，这有助于避免发生后天性螺旋状趾。

第三节　蹄裂

牛蹄蹄壁开裂较常见（参阅图 3-13）。裂缝沿蹄壁垂直方向即从蹄冠至蹄底延伸，称为蹄壁纵裂，也称沙裂。肉牛蹄壁纵裂发病率高达 64%；相比之下，奶牛蹄壁纵裂发病率则不足 1%。因蹄壁纵裂而致奶牛跛行比例通常较低，然而一旦发生跛行，则难以治疗和管理。蹄壁纵裂缘于蹄缘损伤。蹄缘起源于蹄冠处蹄与皮肤相连无毛部分软角质区域，宽约 0.5 厘米，呈半环形。蹄缘真皮形成非常稀疏的细乳头，乳头顶端下垂。蹄缘表皮生发层产生的角质，向下覆盖全蹄壁和蹄踵，形成蹄壁最外一层薄而有光泽的蜡状涂层，称为釉层或蹄漆。炎热、干燥、沙地等憩息行走环境，高胎次奶牛群体会出现蹄壁纵裂；当然，也有可能是蹄冠处蹄趾皮炎的结果；这种损伤会使该区域无法生成完整角质，随着邻区蹄角质继续生长，自然蹄冠损伤区域所致角质缺损最终表现为蹄壁纵裂。如果蹄壁纵裂很浅，并不涉及真皮，通常不会出现跛行。然而，由于蹄部其他组织紧裹着蹄前部第三趾骨，几无任何空间，故发生感染时，仅少量脓液就足以引致严重跛行。治疗需用蹄刀弯曲尖端沿着蹄壁纵裂开创引流排出脓液，即可迅速缓解疼痛症状。如果蹄壁纵裂两侧之间出现松动，则会生出肉芽组织，即赘肉。正确治疗方法是稍微扩张蹄壁纵裂，去除肉芽组织，绷带包扎最多不超过3天，藉以减少更多肉芽组织形成；同时健趾黏附蹄垫，从而限制患趾蹄壁纵裂两侧继续松动而促进愈合。然而，即使如此，蹄壁纵裂往往还会复发。

裂纹（或称纹槽）沿蹄壁水平方向即与蹄冠平行延伸，称为蹄壁横裂。蹄壁横裂在奶牛和肉牛中均常见，严重时会造成明显跛行。较之蹄壁纵裂，蹄壁横裂的发病原因比较清楚。某些情况下，蹄壁横裂只是简单地反映了一种“生理变化”，这种“生理变化”导致冠状真皮基底细胞层角质生成过程轻度至中度受阻；而其他时候，则表明发生了显著“生理应激”，某些疾病紊乱常造成这种应激，这种应激可使蹄部冠状真皮生成角质过程严重受阻。角质生成过程严重受阻就会使蹄壁表面出现非常明显的呈水平环绕蹄壁的粗沟纹，通常称为“苦难纹”或“应激纹”。最严重病例，蹄壁裂缝之深足以导致蹄壁沿裂缝上下全层断裂，形成如嵌环状的所谓“角质套”。有时，邻近负重面一段蹄壁出现松动，使得蹄壁内敏感组织受到挤压和损伤，愈发令患牛疼痛难忍。蹄壁横裂一般不必处理；然而，当部分蹄壁松动弯曲挤压真皮继发疼痛时，则需要进行矫正，目的是剔除部分松动蹄壁以稳固整个蹄壁。如果另一蹄趾蹄壁更稳固且足以支撑蹄垫，则宜为该趾黏附蹄垫来抬高患趾避免着地和解除负重及疼痛。

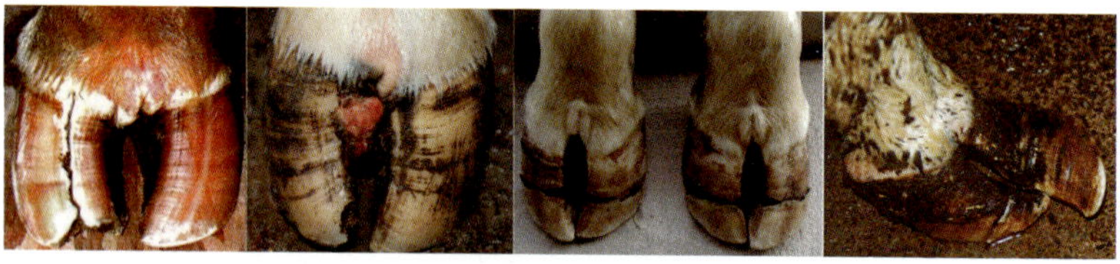

图 3-13　左分图示蹄壁纵裂；左中分图示从蹄壁纵裂中生出肉芽组织，即赘肉；右中分图示蹄壁横裂；右分图示蹄壁横裂蹄尖断开脱落。

第四节　蹄尖损伤

图 3-14　示蹄尖损伤

设施不佳、粗暴或粗心驱赶牛群、地表状况差和牛群恐慌等等，都会增加发生蹄尖损伤的风险（参阅图 3-14）；肉牛或后备奶牛初始尚不习惯与人接触，则蹄尖损伤更常见。蹄匣破裂，有时会涉及第三趾骨骨折，这将导致异常严重的跛行和并发症，如形成坏死骨片。坏死骨片最常见于第三趾骨骨折损伤，骨折导致部分断裂骨组织血液供应中断，继之逐渐坏死而变成坏死骨片。慢性蹄尖病变，常会发现松散坏死骨片。自然，机体会主动试图清除这些坏死骨组织。多数病例，如人为清除坏死骨片通常能促进患的及时完全愈合。

第五节　修蹄过度和修蹄不当

迄今为止，学习修蹄技术的主要途径仍是通过实际操作积累经验，或者由经验丰富的师傅带学徒。多数情况下，牛修蹄技巧与马类动物修蹄技巧类同。然而，鉴于近来对牛蹄解剖学和生理学远较以前了解，因此需要对以往的奶牛修蹄方法做出某些改进。国外有关“奶牛群体牛蹄护理与修整”多部专著对现代奶牛群体修蹄技术做出了重大贡献。需正确运用这些专著所倡导的功能修蹄法，谨防修蹄过度，平衡各蹄趾之间均匀负重，进而实现牛蹄每个蹄趾均具有稳定的负重面。

修蹄过度是修蹄最常见的错误之一。运用不同修蹄方法会使被修蹄底厚度具有显著差异。例如，研究发现，荷兰修蹄法相比其他常用修蹄法会更少造成修蹄过度。如前所述，修蹄过度通常导致区域 5 发生病变，其特征为区域 5 蹄底与邻近区域 1 和区域 2 白线发生分离，参阅后述蹄底过薄部分论述。

一些不正确的修蹄方法将会损伤蹄尖：如蹄尖修剪过短、过度削减轴侧蹄壁和白线、过度削减蹄趾及其他顶端蹄壁角质等等。这些不正确的修蹄方法往往直接暴露出真皮层，或使对应蹄匣部分变得薄弱，造成损伤。

如前所述：角质生成细胞从上皮基底细胞层向外迁移，于细胞结构内不断整合角蛋白。角质层内角细胞完全成熟并最大限度地角质化，形成了最外层蹄匣表面角质。如修蹄削除蹄匣中最成熟和最坚硬的角质层，那么剩留部分角质层的角化程度就不及前者，因此较柔软并磨损更快。定期修蹄，纠正蹄部角质过度生长，调整负重平衡无疑有助于奶牛群体肢蹄健康；而如果修蹄过于频繁，再加上蹄部在粗糙地表的高磨损率，则会增加蹄底过薄的发病率。修蹄计划必须因地制宜，根据具体奶牛场奶牛群体蹄角质的实际磨损率和生长情况妥当安排，不能采取“一刀切”硬性规定修蹄次数。

第六节　如何做好蹄部病变局部治疗？

蹄部病变令奶牛非常痛苦，这种外在表象误导人们以为局部用药和绷带包扎等治疗措施毫无疑问是必须采取的。但临床实践证实，事实上，除了矫正修蹄和使用健趾黏附蹄垫，其他方法如局部用药和患部包扎均可能会适得其反。这些都属于矫正修蹄原则，包括清除所有松动损坏或坏死蹄部角质，以及缓解患趾部负重和疼痛等。

考虑到这些蹄趾损伤的发病机制，实施偏激疗程和进行绷带包扎确无任何意义。以蹄底溃疡为例，这缘于第三趾骨下沉而致；蹄部角质过度生长和蹄趾超荷负重会使下沉状况更趋恶化，特别是后蹄外趾更易发生。第三趾骨下沉对组织造成的损伤持续一段时间后，该区域角质形成过程受阻，并且开始出现蹄底溃疡。最终，溃疡处发炎，引起疼痛和跛行。因此，这类疼痛和跛行可促使修蹄时注意相应病变和做出正确评估。尽管如此，但问题在于，溃疡并非系感染所致，溃疡是由于某些异常（如蹄叶炎）导致第三趾骨下沉和真皮物理性损伤而引发的，患趾过度负重则更使溃疡病变和跛行疼痛加剧。

既然病变并非由感染引起，那么病变处局部外敷抗生素治疗就完全不符合逻辑。经矫正修蹄后，无论是否进行局部外敷抗生素治疗或使用绷带包扎，病变处总会受到污染。由于造成蹄部脓肿的细菌属于厌氧菌，所以最重要的还是应该清除松散和损坏角质，因为这些角质会为病变部位创造厌氧微环境而有利于致病厌氧菌大量繁衍。创造有氧微环境可阻止蹄趾病变部位发展为脓肿。

修蹄时故意使真皮层组织出血则是另一个治疗误区。事实上，过度出血往往是健康组织受到破坏的一个简单信号。虽然矫正修蹄过程中很可能会发生少量出血，但切勿造成过度出血。坏死组织并不会流血且丧失感觉，因为分布到这些组织中的神经都已坏死了。所以当出现严重疼痛和出血时，应停止修整患区。请同道们牢记，蹄部伤口由真皮层向外愈合，而真皮层是牛蹄唯一能够生成角质的组织，每次修蹄操作都要尽量避免损伤这些独特组织。

在此原则下，使用烙铁灼烙真皮组织止血，或暴露真皮开放病灶并外敷强腐蚀性制剂也都是错误做法，这些错误做法无疑不仅会进一步损伤真皮层，而且还会增加患牛疼痛并延滞康复。即使外敷抗生素，若非酸碱值合适，或使用专门针对开放性损伤设计的抗菌素，均会对患趾病变区域增加过分刺激。此外，上述处理措施对蹄趾病变的疗效尚有待验证，国外某些蹄病专家对蹄趾病变患牛实施蹄浴流程持异议也是出于类似理由。

蹄趾病灶外敷用药治疗和必须绷带包扎时，应遵照药物标签说明书相关指南。事实上，很多外敷用药不适用于绷带包扎。而当必须外敷用药时，需谨慎小心，只能使用那些不会损伤敏感真皮组织的外敷药物。总而言之，当治疗蹄趾病变时，最佳信条是："己所不欲勿施于牛蹄！"

第七节　如何正确治疗蹄趾深层脓毒症？

即使尽最大努力，一些牛仍然会发生复杂蹄部病变（参阅图3-15）。常见诱因包括外伤后深部感染、慢性溃疡、白线病和腐蹄病。感染可以蔓延到蹄部深层组织，包括真皮、指状垫、第三趾骨和籽骨、关节后隙、近端和远端趾间关节、肌腱和腱鞘及其周围组织。这时患牛的蹄部和下肢出现明显肿胀和严重跛行。需要当值临床兽医及时关注，并尽早实施最佳治疗方案。

发生蹄趾深层脓毒症时，至少能观察到以下 3 项临床症状：

1. 深屈肌腱撕脱或分离并形成关节后隙脓肿。

2. 远端趾间关节感染，参阅图 3-16。

3. 蹄踵脓肿。

我们以下逐一论述。

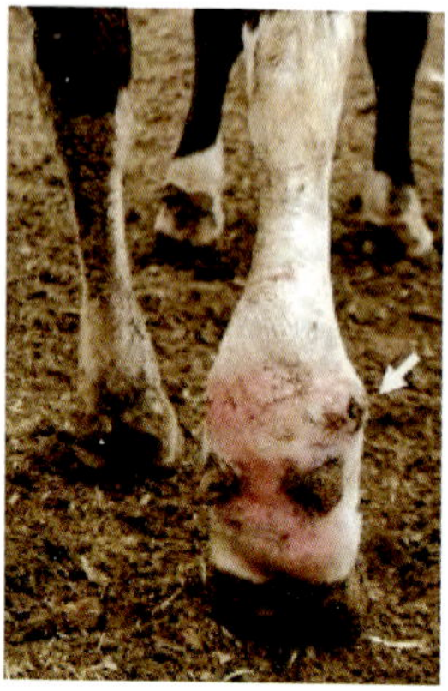

图 3-15　示蹄趾深层脓毒症

一、趾深屈肌腱撕脱

发生骨炎和第三趾骨屈肌结节病理性骨折后，会继发趾深屈肌腱撕脱，这是慢性蹄底溃疡最常见的继发性并发症。病变始于感染上行，逐渐蔓延至真皮层、指状垫和进入第三趾骨屈肌结节。骨炎发展最终导致趾深屈肌腱从其附着屈肌结节撕脱（分离），屈肌腱撕脱后会使蹄尖向上旋转。

针对出现肿胀患蹄，宜在健趾黏附厚蹄垫以减轻患趾负重，这是改善患趾状况极其关键的一步，因为患趾继续负重会产生剧痛。尽管减轻患趾疼痛未必能平衡各趾负重，但对长期康复非常必要。趾深屈肌腱撕脱可能涉及的其他结构还包括舟骨囊（籽骨滑膜囊）、深屈肌腱、腱鞘和其周边组织；通常会在第二趾骨和趾深屈肌腱之间关节后隙形成脓肿，但一般不涉及远端趾间关节，即第二趾骨和第三趾骨之间关节。

二、远端趾间关节感染主要通过三个途径

1. 从蹄底或白线上行感染，透过邻近关节后隙远端趾间关节囊，蔓延到关节或籽骨以上。

2. 通过籽骨远端与第三趾骨之间断裂韧带上行感染。

3. 源自趾间皮肤感染（腐蹄病），再经由关节囊中央或趾间节囊背侧上行感染。

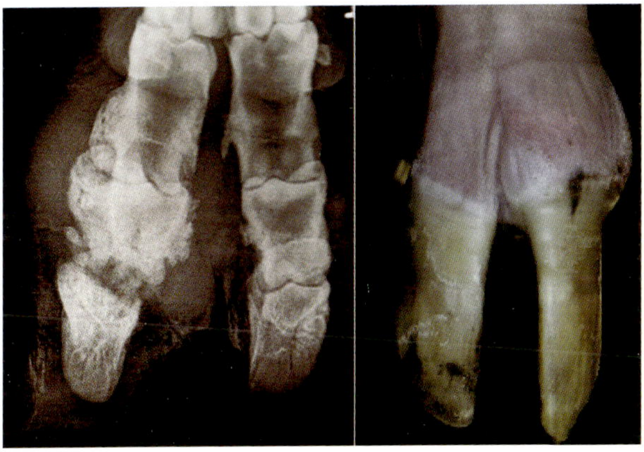

图 3-16　左分图示患蹄前壁 X 线片：注意远端趾间关节脓毒症患趾（外趾）相关关节空间变宽；右分图示蹄冠外侧局部肿胀提示远端趾间关节脓毒症患趾（外趾）病变业已上行扩展此处。

三、蹄趾深层脓毒症第三个症状是多发蹄踵脓肿

常源于区域 3 单一白线病脓肿，或区域 6 单一蹄踵脓肿泛蔓所致（参阅图 3-17）。因为其通常仅局限于蹄踵韧带纤维弹性垫（纤维组织构成的加厚带，系固定蹄踵球部结缔组织），所以治疗并不复杂。

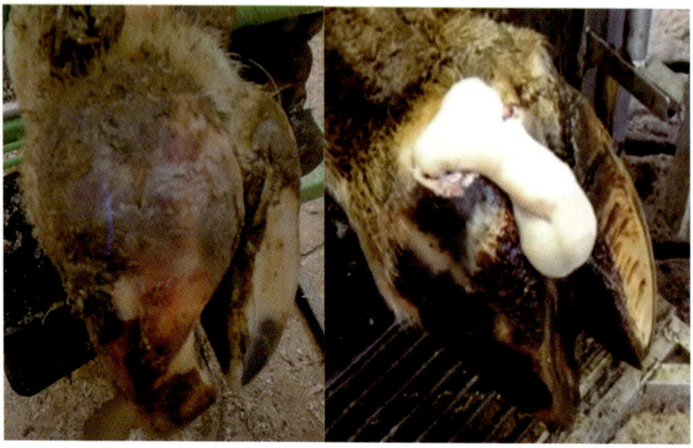

图 3-17　示蹄踵脓肿

四、如何诊断蹄趾深层脓毒症?

罹患腐蹄病蹄趾通常也呈现广泛肿胀，并延伸至附蹄或附蹄以上。多数情况下，这种肿胀往往伴发极度疼痛、趾间皮肤坏死和严重跛行。上述蹄趾深层脓毒症症状与腐蹄病虽然外观和临床症状相似，但两者并不同时发生，所以必须仔细寻找根本原因。

检查前，用肥皂、清水和刷子清洁蹄部与趾间皮肤，然后检查整个蹄部、蹄趾、趾间区域和蹄踵球部，观察是否有肿胀、损伤或其他异常。如果一切正常，用修蹄刀或砂轮打磨机，清除蹄底角质表层，检视白线是否有分离迹象。此外，还要重点检查蹄中间和两侧皮肤与角质结合部，看是否存在角质松动现象。如果发现角质松动区域，用修蹄刀钩探测角质损坏程度，并清除所有松动角质直至角质与底层真皮重新连接处。

发生关节后隙脓肿时，参阅图 3-18，肿胀蹄踵毗邻区域处大多伴发慢性蹄底溃疡。多数情况下，按压蹄踵可发现脓性物渗出溃烂微孔瘘管。这种情况下，可使用乳头套管针或其他钝头探针轻轻伸入该微孔瘘管探测脓腔范围和位置。一旦将探针完全伸入微孔瘘管或脓肿处，可留置那里，为后续手术矫正定位。轻柔探测排脓微孔瘘管对判定脓肿主要位置非常实用；如前所述，大多数患蹄蹄尖向上翘转病例，常可见趾深屈肌腱撕脱。

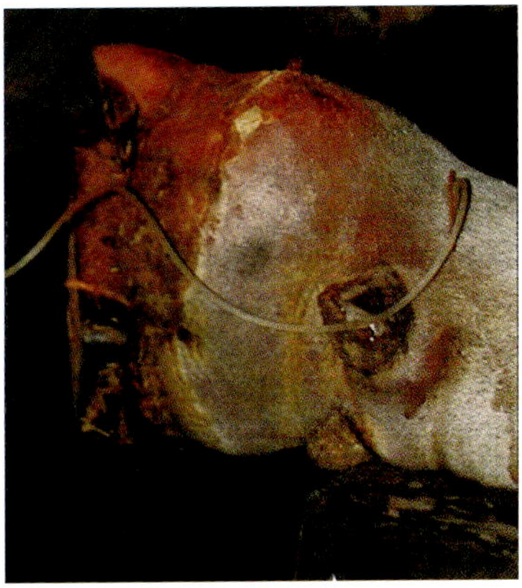

图 3-18　示手术治疗关节后隙脓肿前实施静脉内局部麻醉

远端趾间关节化脓性关节炎的特征为蹄冠明显肿胀，且肿胀可向上延伸至球节；有时肿胀伴随着排脓微孔瘘管出现在蹄冠上缘，即皮肤和角质结合部，这被认为是远端趾间关节化脓性关节炎的标准病症。关节后隙脓肿病例，如同时发生远端趾间关节化脓性关节炎并出现严重跛行时，即使健趾黏附蹄垫依然难以缓解病状和疼痛。

第八节　蹄匣和第三趾骨骨折

蹄匣创伤性骨折并不罕见，多种因素会导致其发生，有时还伴随第三趾骨骨折（参阅图 3-19）。运牛车或牛舍漏粪地板，栅门或围栏之间缝隙，或一些其他结构障碍物常会造成这种损伤。这是因为当牛蹄意外嵌入其中，随后蹄部和下肢往侧面或其他方向猛然扭动或移动而致。如发生这类损伤，应视损伤程度而采取必要处理措施：如对牛蹄做静脉局部麻醉，并仔细检查已骨折第三趾骨，清除趾骨断裂部分和其他已永久损伤组织。

发生创伤性第三趾骨骨折时，蹄匣也有可能看不到明显损伤。患牛表现出蹄部极度疼痛，但并无白线病、蹄底刺伤或其他损伤迹象，这令确诊非常困难，常常需要经 X 线透视来确定是否发生骨折。当然，对蹄部进行诊断性麻醉，可以判定疼痛实际源自蹄部还是肢部。

发生第三趾骨骨折的另一原因也许与诸多病理生理因素相关，这同样无蹄匣受损外部迹象。经 X 线透视，或矫正修蹄处理趾尖损伤时就能发现该病变。清除坏死腐臭角质和趾尖脓性物的过程中，有时会分离出坏死骨片，这通常是断裂的第三趾骨尖端部分。多次清除坏死骨片和相关坏死组织足以长期缓解病症。不言而喻：当骨折处碎骨已死亡，坏死骨片自然而然会尝试脱离机体，这是机体修复骨折的自然方式。

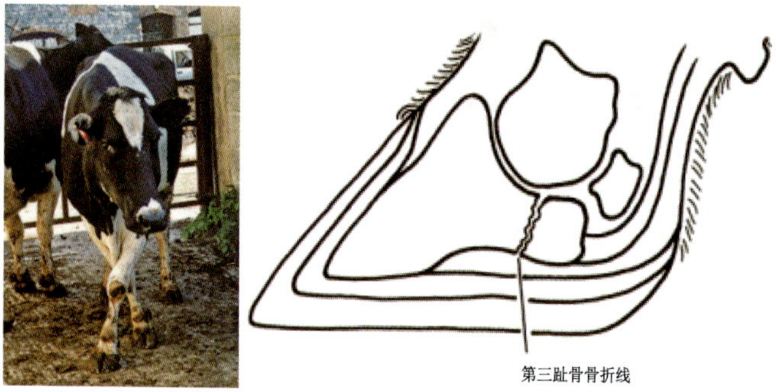

图 3-19　左分图示第三趾骨骨折患牛临床行走步态；右分图示第三趾骨骨折线，该骨折线一般从第三趾骨关节中心延伸至第三趾骨底部。

第九节　脓毒性腱鞘炎

如果下肢出现肿胀症状并伴发复杂趾部病变（如脓毒性远端趾间关节炎或关节后隙脓肿），肿胀自球节向上延伸，则很有可能发生了脓毒性腱鞘炎（趾屈肌腱鞘发炎或感染）。临床当值兽医可用带针头注射器从腱鞘抽取液体进行确诊；亦可使用超声波扫描肌腱和腱鞘做出诊断，感染处往往能观察到漂浮碎片物和颗粒。治疗这种病症相对比较复杂，需经验技巧格外纯熟的兽医实施。

第十节　蹄匣脱落

蹄匣脱落病变一般缘于机械损伤，常见牛蹄被卡在或嵌入两个物体之间后，拼命激烈挣脱，有可能导致蹄匣脱落（参阅图 3-20）。简单检视即能诊断蹄匣是完全还是部分脱落，通常只是一个蹄趾蹄匣脱落，但有时也可能两个蹄趾都发生蹄匣脱落。尽管蹄匣脱落看起来可怕，但如真皮组织损伤不严重，经适当治疗，大部分患牛预后良好。

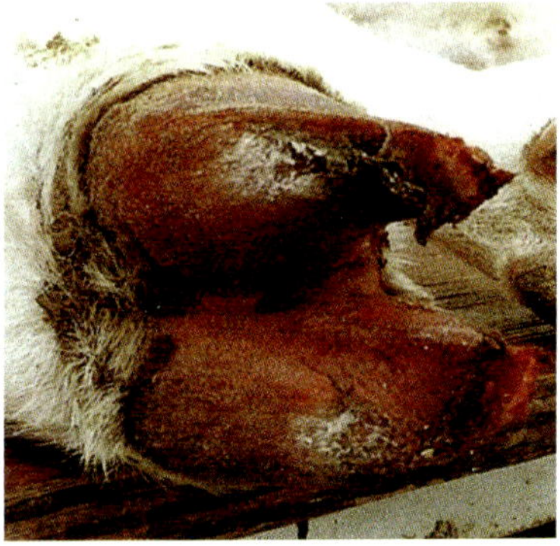

图 3-20　示两蹄趾蹄匣均脱落；虽然造成蹄匣脱落的原因多种多样，但处理原则基本相同：减轻患趾负重；保护患趾弱嫩真皮；安置于干净、干燥和厚软垫料区域。

处理蹄匣脱落的要点是：轻柔地清洁暴露组织；清除松动角质或嵌入真皮组织的外来异物。若只有一蹄趾蹄匣脱落，则涂敷无刺激性的外用药物，并用松软绷带包扎以保护弱嫩的真皮组织，同时健趾黏附蹄垫减轻患趾负重，避免患趾继续负重造成进一步损伤。如两蹄趾蹄匣均脱落，就要限制患牛在坚硬的地面上行走，需将其安置于垫料良好的专门区域。

第十一节　什么是白线病、如何发生的、怎样正确治疗？

一、什么是白线病和如何发生的？

顾名思义，白线病就是蹄部白线区域组织结构病变。白线是由蹄壁真皮生成，分为外层、中层和内层 3 部分。外层和中层由小叶状角质构成，而内层（邻近蹄底）则由小叶状角质和疏松排列的角质微管结合组成。这些结构特点使其成为蹄匣最柔软脆弱的部分，极易受到机械性切力损伤，同时细菌和污垢、砂粒等异物也易穿透侵入。白线最常受损部分是外趾离轴侧（靠外）蹄踵、蹄底和蹄壁结合部，即蹄底分区图第 3 区，参阅本章起始图 3-1 和下图 3-21。该区域白线行走时由于直接承受蹄踵踏地冲击，故而受到的机械损伤和磨损亦较多。如前所述，外趾过度生长和过度负重将加剧双趾承重失衡，从而增加白线病的发病率。

白线病变通常起始于卡进小石子、污物或其他一些有机质而造成细微裂缝。观察蹄底，可在白线中发现包裹异物处形成的一条或多条深色斜线病灶。另外，当白线病变处进一步分离并感染恶化，那该处就会呈现出白线内大面积角质松脱和坏死，参阅图 3-21。

白线病引起的脓肿会导致严重跛行。脓肿及其产生的脓性物质会积聚在蹄底和蹄踵内层区域，有时还会沿着蹄踵或蹄壁内侧向上迁移；有些可能发生破裂，在皮肤和角质结合处形成窦道（瘘管）。某些情况下，白线病脓肿还会渗透到蹄部深层结构，包括远端趾间关节、趾深屈肌腱和腱鞘，以及舟状骨滑膜囊和舟状骨。同样需要注意的是，蹄叶炎使蹄部更易罹患白线病。如前所述，蹄叶炎会破坏真皮层血液流通，因此可能导致常角质化和白线病。

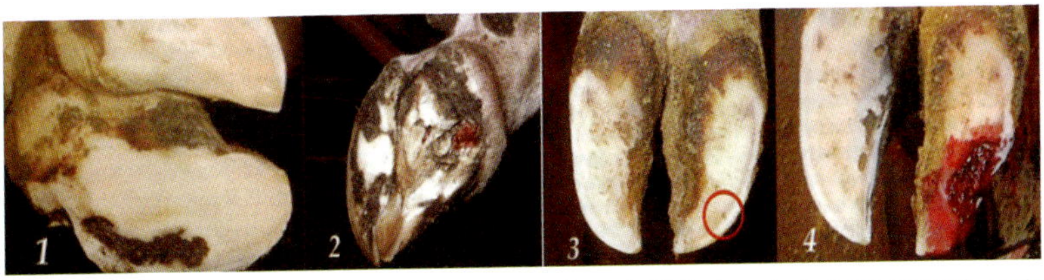

图 3-21　示不同类型白线病：左分图（图 1）示白线分离；左中分图（图 2）示白线病远轴外趾蹄壁形成脓肿；右中分图（图 3）示蹄尖外侧白线中小黑点（区域 1），若蹄尖蹄底有痛感，需对该黑点处做进一步检查；右分图（图 4）削去图 3 中小黑点周围疏松和受损角质，暴露周边大范围损伤。

二、如何正确治疗白线病？

治疗白线病时，须在病变区域离轴侧以约 45° 或更大角度修蹄。必须削除脓肿病灶外围组织，直至完全清除所有坏死、松散和受损角质；如发现脓肿脓液蓄积，则需引流导出。应尽量避免损伤正常健康组织。操作时，需将刀锋置于疏松损坏角质底部并由患牛侧动刀朝外削除。该步骤非常重要，因为削除邻近脓肿区域远轴侧蹄壁，会减少该区域承重，同时也能避免异物进入并藏匿在因引流而形成的空腔中。这一削除治疗过程会疼痛难忍，往往必须进行蹄部局部麻醉。有些患牛跛行疼痛症状会迅速获得改善；而脓肿范围较大和持续时间较久患牛，则可能需要数天或数周来改善病情。除非出现肿胀，证明感染已经蔓延到蹄部深层组织，否则没有必要全身使用抗生素。若经抗生素治疗后，仍存在肿胀和严重跛行疼痛，应重新检查是否有蹄趾深层感染，并基于检查结果考虑是否给予手术治疗、淘汰或安乐死。不需要对蹄趾损伤区域进行局部外敷药物处理和绷带包扎；不过，如在矫正修蹄过程中真皮层大面积暴露时，则出于暂时保护真皮层的目的，应进行绷带包扎处理，

白线病或溃疡继发的脓肿使患牛极感痛苦。大多数病例，可像

前述治疗蹄底溃疡的描述那样，给健趾黏附蹄垫，藉以悬空患趾，使患趾暂不负重，从而减少不适并促进康复，参阅图 3-22。

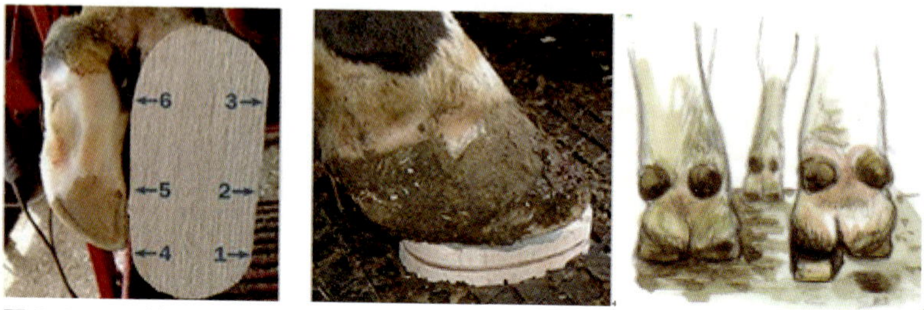

图 3-22　示给健趾黏附蹄垫，藉以悬空患趾，使患趾暂不负重，从而减少不适并促进康复。

第十二节　如何正确诊疗防奶牛群体创伤性损伤导致的蹄底脓肿？

如前所述，发生蹄底、蹄踵和蹄尖溃疡与白线病的根本原因是奶牛群体代谢紊乱和牛舍建造和硬件设施不当诸多机械因素所致。除此之外，一些更重要的导致跛行疾病成因则与蹄底刺伤所引起的脓肿密切关联。地面尖锐物体刺伤蹄底或由于蹄底过度磨损变薄而导致真皮层暴露，现代规模化奶牛群体往往屡见不鲜。不过，因为各类蹄底脓肿的发病机理不完全相同，因此，当描述蹄底脓肿时，最好能详述具体成因，如：溃疡脓肿、白线病脓肿和异物刺伤脓肿等。此外，修蹄流程中过度打薄蹄底也常导致发生异物刺伤型蹄底脓肿，以下我们分述之。

一、缘于异物刺伤造成的蹄底脓肿（参阅图 3-23）

奶牛群体憩息、采食和行走周围环境中存在许多能造成蹄底损伤的异物：如钉子、碎石、脱落乳齿、铁丝、焊锡残头、尖硬木屑和其他尖锐杂物等。异物刺伤蹄底后，伤口通常腐败化脓，继之脓液会蓄积蹄底真皮与蹄底之间，数天后发展成蹄底脓肿。对此病变处理，类似前述溃疡和白线病治疗流程：即清除蹄底病灶周边所有疏松和损伤角质，继之健趾黏附蹄垫即可。若真皮层和皮下组织出现更广泛的坏死，可能会发展成第三趾骨感染性骨炎等并发症。若创伤处愈合异常，并且蹄底表面肉芽组织中持久性流脓，通常应怀疑发生了这些并发症。再次强调：很多人把蹄趾病变统称为蹄底脓肿并不准确，如虽然溃疡和白线病都可能发展成脓肿，但两者的根本病因迥然相异。一般来说，遇到奶牛群体多发蹄底脓肿，大多数人习惯性思维往往首先检查营养配方和饲喂流程。固然，评估饲养管理和日粮配方是否存在问题的确很重要，但有时问题也许会出在其他方面。所以，若要制定出一个切实有效的奶牛群体跛行疾病诊疗防方案，就必须彻底分析导致跛行疾病的真正原因。因此，当奶牛群体蹄底溃疡多发时，需要全面评估奶牛群体舒适度、日粮配方和围产期管理状况。如奶牛群体多发白线病但少有蹄底溃疡时，需要仔细检查日粮配方是否合理和饲养管理流程是否到位，与此同时还应认真检查地表状况和奶牛群体舒适度。不过，当主要问题是蹄底外创性损伤时，更正确的做法是全面检查地表状况。

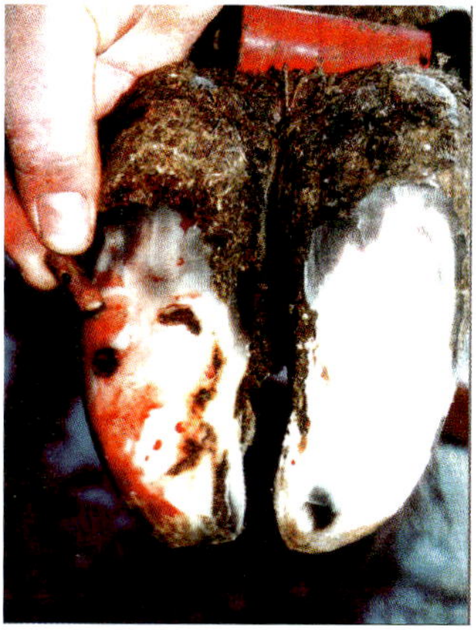

图 3-23　示异物刺伤蹄底：鉴别跛行疾病的真正原因十分重要，即确定其到底是继发于其他疾病，还是如本图示蹄底被异物刺伤。

二、蹄底过薄

发达国家和我国现代规模化自由卧栏奶牛场所有舍饲饲喂奶牛群体“蹄底过薄”问题日益严重；盖普遍归咎于奶牛群体长期在水泥地表活动而造成蹄底过薄。牛舍过度拥挤、卧床尺寸设计不当、卧床表面过硬和垫料不足、卧床管理不当或其他阻碍奶牛群体休息的因素均会增加“蹄底过薄”的发病率风险。奶牛场整体布局包括设施安置欠佳，也将会增加奶牛群体粗糙地表行走距离，使“蹄底过薄”问题更趋复杂。尽管沙子是优良卧床垫料，但长期使用亦会增加蹄底磨损，特别是那些多次回收反复使用的沙子，沙粒会更大和更粗糙。此外，虽然喷淋是降低热应激的关键措施之一，但喷淋使牛舍地面始终过度潮湿甚至积水，这当然也会软化蹄匣，加剧角质磨损。事实上，越来越多的证据显示，酷暑炎热天气采取包括喷淋等减缓热应激的举措虽有利于奶牛群体生产性能和整体健康，但却不利于奶牛群体蹄部健康，这在我国南方高温高湿地区奶牛群体尤为明显。

蹄匣即角质蹄底的作用是保护其包裹在内的真皮层软组织。舍饲或半舍饲奶牛群体，蹄底厚度必须确保不小于0.63厘米，才能承受坚硬地面的机械压力。当发生蹄匣过度生长时，会出现蹄尖过长（即从蹄缘中部到蹄尖蹄前壁长度超过7.5厘米，参阅3-24），以及蹄尖区域蹄底过厚（超过0.63厘

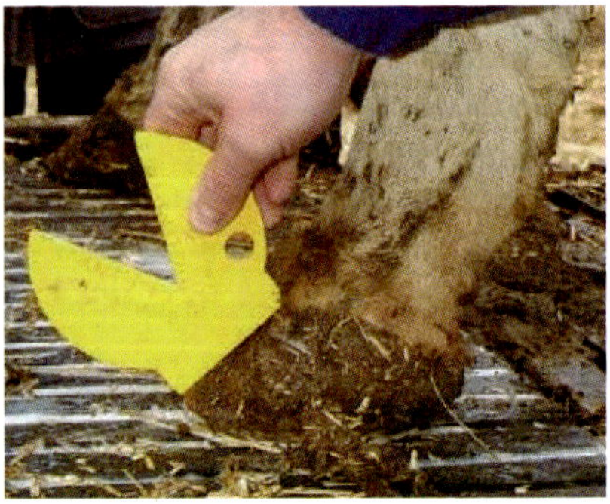

图3-24 示正常奶牛蹄前壁应为7.5厘米

米），这时蹄踵和蹄踵与蹄底交界区域负重较多。与之相反，当发生过度磨损时，则会出现蹄尖过短（即蹄前壁长度小于 7.5 厘米）和蹄尖区域蹄底过薄（小于 0.63 厘米），这将导致蹄尖区域负重增加，因而蹄尖区域磨损也多。

蹄底角质生长速度受年龄、营养和日照影响；而磨损率则取决于地表粗糙程度、奶牛舒适度、角质质量及蹄匣水分含量等。因此，蹄匣形状是生长和磨损双重作用的结果。奶牛群体饲养过程中，若蹄底角质磨损率超过生长速率，“蹄底过薄”便会发生。研究证明，蹄匣角质坚硬程度受营养、接触粪污状况和蹄匣水分含量诸多因素的影响。酷暑夏季，特别炎热潮湿月份，蹄匣角质会持续暴露在高湿度环境；另外，蹄匣水分含量也受水冲式粪污处理系统的影响，该系统采用干净水或循环水冲洗牛舍、待挤区和通道地面；毋庸置疑，以上均会使蹄匣水分含量显著增加。如前文所述，磨损率也与牛舍布局，即奶牛群体往返于牛舍和挤奶厅之间的距离远近有关。还有，粗糙地表急转弯和有坡度通道，亦会进一步加剧磨损。新建奶牛场由于水泥硬化时会在表面自然形成格纹，使得地表特别粗糙，因此蹄底过度磨损在新建奶牛场尤为常见，这一普遍现象有一个专门名称称为“新水泥地表病”。

奶牛群体舒适度较差同样会导致“蹄底过薄”的发生，如饲养密度过大、卧床设计不当和垫料不足等原因均会造成卧床使用率过低。此外，奶牛群体社会等级分布也会影响卧床使用：如果牛舍中卧床数量等于或少于奶牛群体头数，那么胆小奶牛如头胎牛，就会获得较少的休息机会。一般建议奶牛场提供卧床数量至少超过奶牛群体头数的 10%；围产期更要如此，藉以提供围产奶牛群体有更多选择并促使围产期奶牛躺卧休息。

如果奶牛群体“蹄底过薄”的发病率较高，这应排除过度修蹄为主因。不过，不同修蹄法的确可造成蹄底厚薄的显著差异。研究发现，与其他修蹄法相比，荷兰修蹄法较少引发蹄底过薄。荷兰修蹄法不再以白线为标准衡量蹄底厚薄，而以蹄前壁长度为准绳估算蹄底厚薄。普通成年荷斯坦奶牛正常生长和磨损情况下，蹄前壁长度 7.5 厘米对应于蹄底厚度 0.63 厘米，这时蹄底角质才足以保护其包裹的真皮层。

随后“蹄趾溃疡 / 蹄尖脓肿”主题，描述了与“蹄底过薄”关联的最常见继发性病变：薄蹄底型蹄尖溃疡，这是蹄尖区域病变的重要原因，但常被误诊为白线病病变。因此，有必要将蹄趾溃疡 / 蹄尖脓肿与因蹄叶炎诱发的蹄尖溃疡和白线病两者区别开来，因为这两类蹄病的致病因素截然相异。

三、蹄尖溃疡 / 蹄尖脓肿

奶牛群体蹄尖区域病变屡见不鲜，也往往难以处理。其中原因之一是蹄尖区域病变常常会迅速蔓延至深层组织，如第三趾骨；一旦发生骨炎（骨感染），病变往往演变成慢性病，此时很难将所有受损组织完全清除并在短期内治愈。目前认为至少有 8 种情况容易诱发蹄尖区域病变：

1. 蹄叶炎诱发蹄尖区域溃疡（蹄底第 5 区）。

2. 白线病（蹄底第 1 区和第 2 区）。

3. 蹄底过薄和薄蹄底型蹄尖溃疡，发生在蹄底邻近第 1 区和第 2 区连接点第 5 区。

4. 创伤性蹄底病变导致蹄底脓肿（异物刺伤蹄底）。

5. 螺旋状蹄趾（蹄底第 1 区和第 2 区）。

6. 蹄裂（尤其是蹄壁横裂）。

7. 蹄尖创伤性损伤。

8. 修蹄过度或修蹄不当。

与蹄叶炎相关的蹄尖溃疡相当少见，而与白线病关联的蹄尖区域病变则较为常见，且有时与修蹄不当有关，如过度削除蹄尖区域近轴面蹄壁角质。蹄叶炎也可能会诱发蹄尖区域白线病变（蹄底第 1 区和第 2 区），但确切发病机理尚不明确。螺旋状蹄相对常见导致蹄尖区域损伤，并通过不同途径发展为脓肿。创伤性损伤引发蹄尖区域脓肿肉牛和育成牛更为常见，这缘于分群、运输和各种处理流程中奶牛群体过度兴奋奔跑而造成蹄尖区域外伤。逾 15 年来，我国自海外进口大量优秀奶牛和肉牛，隔离场卸运这些牛群次日，往往发现至少 5% 左右的牛只严重跛行，破解病因并不难：隔离场砖地凹凸不平，牛群落地陌生环境，往复狂奔所致。

发达国家和我国现代规模化奶牛场“薄蹄底型蹄尖溃疡”已成为常态化蹄趾病变之一，通常缘于蹄底角质快速磨损和偶发性过度修蹄导致。该病变非常普遍，不易治愈且常致患牛长期跛行。

四、为何蹄叶炎会导致蹄尖溃疡脓肿?

基质金属蛋白酶释放促使悬附组织分解（参见前述有关基质金属蛋白酶活化论述），导致第三趾骨下沉和扭转。第三趾骨顶端扭转，将造成蹄底第 5 区真皮层承受极大压力；继之损伤区域真皮层会发生功能障碍，并发展成蹄底全层性缺损。蹄底真皮暴露自然引发剧烈疼痛和严重跛行。马患严重蹄叶炎时，可在一个或多个蹄中发现第三趾骨从蹄底向外突出。牛也会出现类似情况，但不如马常见。人们推测牛类动物第三趾骨悬附组织与马可能有所不同，故在患牛中较难观察到此严重病变症状。牛蹄金属蛋白酶活动会使第三趾骨悬附组织分解，导致胶原蛋白纤维束弱化并伸长。但在马蹄中，表皮与真皮相连处可能会真的发生分离。不论怎样，因蹄尖溃疡而造成的各种蹄尖区域病变的确难以正确区分，因为当发现时，病情往往早就高度恶化。

五、蹄底过薄与薄蹄底型蹄尖溃疡（参阅图 3-25）

罹患蹄底过薄跛行病牛通常具有以下特点之一，且病变逐渐加重：

1. 蹄底过薄，用手指按压具有弹性，但无溃疡，亦未暴露真皮层。

2. 蹄底过薄，用手指按压具有弹性，表皮出现裂缝，并暴露底层真皮（即薄蹄底型蹄尖溃疡）。

3. 蹄底过薄，业已从溃疡恶化为蹄尖区域内部脓肿阶段（蹄尖脓肿）。

4. 蹄底过薄，已经恶化为蹄底脓肿和第三趾骨骨炎程度。

后蹄外趾通常最易发生严重蹄底过薄。而蹄底过薄发病率高的奶牛群体，患牛四蹄往往均可发见蹄底变薄、蹄踵变浅和用手指按压蹄底有弹性等迹象。奶牛蹄病专家研究显示，最常发生的病变是薄蹄底型蹄尖溃疡，或毗邻蹄底第 1 区和第 2 区连接点部位的第 5 区（参见本章初始图 3-1）的继发性蹄底变薄，以及蹄底与白线分离。根据病变性质（蹄底全层性缺损导致真皮层外露）与其解剖学位置，奶牛蹄病专家提出此病变应定义为“薄蹄底型蹄尖溃疡”，意指因蹄底过薄引致的溃疡。如上所述，“蹄尖溃疡”一词传统上用于描述与蹄叶炎相关的病变：即第三趾骨尖端向下位沉移，造成趾尖区域真皮层压迫性坏死而引起溃疡。“蹄尖脓肿”一词原先通常主要用于描述此类病变。但是，蹄尖区域病变的原因其实有很多。因此，实施适当应对措施之前，必须先确定主要病因，究竟是由蹄叶炎或蹄过薄引发，还是缘于其他因素？

图 3-25　示因蹄底过薄造成的蹄尖溃疡

六、如何正确治疗护理蹄底过薄患牛?

治疗蹄底过薄患牛，需仔细评估所有蹄趾蹄底。治疗的首要目标是评估一对蹄趾中是否较健康那个蹄趾适合黏附蹄垫藉以减轻蹄底过薄蹄趾负重，即该蹄趾是否可支撑整个肢体重量。如果适合，就可为那个较健康蹄趾黏附蹄垫。若两个蹄趾均不能支撑该肢体重量，则不应使用蹄垫，而应将患牛留置在干净、干燥和松软土质地面上，也可选择挤奶厅附近设立柔软地面专门区域来留置这些患牛；或用毗邻挤奶厅草地或松软空地代替，藉以避免患蹄角质恢复生长期间，患牛要在坚硬或粗糙地表长距离行走。

若病情已发展成溃疡、蹄底脓肿或第三趾骨骨炎时，则必须进行额外矫正性修蹄和清创手术。清创时需仔细清除病变区域残留的所有疏松坏死角质，尽量避免再次损伤周边真皮层组织。如蹄底真皮层早已受损并感染而形成蹄底脓肿，则常见蹄底角质与真皮层大面积分离症状。

除形成蹄底脓肿，感染还可能蔓延至白线，导致白线从蹄壁分离和坏死。治疗这类病变应削除分离和坏死蹄壁，直至见到健康真皮层与蹄壁重新相连处。

蹄底过薄患牛的护理，不仅取决于病情严重程度，还要考虑患牛泌乳阶段、妊娠状况和年龄。应及时淘汰那些泌乳期过长且产奶成绩的差空怀老龄牛。若患牛所有蹄趾蹄底都过薄，且蹄底有一处或多处蹄趾溃疡和脓肿，并严重跛行，则不论其泌乳阶段、年龄大小或是否怀孕，都应视为预后不良。对于这些患牛，基于奶牛场经济效益和动物福利方面考虑，应毫不犹豫立即淘汰或给予安乐死。

待挤区、挤奶通道和采食通道铺设橡胶宽带或橡胶垫，可缓解粗糙地面造成蹄底过薄问题。橡胶垫能缓冲蹄部踏踩地面受到的冲击，降低蹄底磨损；但有些橡胶垫（如采用橡胶输送带）会由于过度光滑，从而增加奶牛群体滑跌倒地损伤蹄趾的风险。发达国家研究人员发现，一种重新硫化并带有凸点的橡胶地垫，可提高摩擦力、减少打滑，并增加行走步态稳定性。这些研究人员的结论是：橡胶垫的摩擦力取决于其表面纹理即粗糙度和其可压缩特性。此外，还有研究者报道：采用橡胶垫可将奶牛群体跛行疾病的发病率从 67% 降至 33%；亦可将头胎牛蹄底过薄跛行的发病率从 22% 减少至 4%。

七、本节小结

溃疡（蹄尖溃疡、蹄底溃疡和蹄踵溃疡）、白线病和钉子碎石等地面异物造成蹄底创伤性损伤系奶牛群体跛行的最常见原因。过高磨损率造成蹄底过薄，进而导致薄蹄底型蹄尖溃疡。瘤胃酸中毒和蹄叶炎等代谢疾病多发于围产期间，加之围产期相关酶类和激素变化，会使悬附组织弱化，并引发第三趾骨下沉和扭转，进而诱发溃疡和白线病。这些病变状况又会由于地面坚硬而更趋恶化，这是因为患牛的坚硬地面活动会造成蹄部角质过度生长、蹄趾超荷负重和蹄趾之间负重失衡。还有，蹄底创伤性损伤也很常见，能使蹄底受创的异物各种各样，如碎石、钉子或脱落乳齿等。蹄尖区域损伤至少涉及 7 ～ 8 项迥然不同的潜在病因，因此若要有效预防蹄尖区域损伤，必须确定原始病因。奶牛群体常见螺旋状趾，其中有些毫无疑问与遗传因素相关，另一些则牵涉牛舍条件和牛龄老化。以上所述这些都是发生蹄趾病变的主要诱因，对研判蹄趾病变成因极度重要。蹄趾病变的最佳治疗措施是矫正修蹄，清除毗邻病变区域所有松动和损坏角质，然后部分或完全减轻患趾负重。尽管从蹄趾病变显现的外观症状看似乎需要病灶外敷药物处理，但大量长期临床经验证实，病灶外敷药物处理和绷带包扎几乎无任何效果。因此，患趾矫正修整和健趾黏附蹄垫减轻患趾负重后，大多数情况最好不宜再做其他处理。深层蹄趾脓毒症（蹄部深层感染）系蹄趾病变的最差结局，一般来说只有 3 种选择：其一是屠宰（假设患牛尚未处于急性发作阶段，且患牛还能行走）；其二是安乐死（特别是当患牛疼痛剧烈和无法行走时）；最后是手术治疗。选择手术治疗则需要奶牛场愿意为术后患牛提供镇痛措施和其他必要术后护理；这些患牛在康复阶段需留置于专门圈舍和给予特别照顾；若无法满足这些要求，就应该考虑前两个选项中选择其一。

第四章　传染性蹄部皮肤病都有哪些？

传染性蹄部皮肤疾病是导致奶牛跛行最常见和最重要的原因之一。然而，顾名思义，相比牵涉蹄趾的蹄底溃疡或白线病而言，该类病变侵袭组织基本局限于“蹄部皮肤”，发生的具体位置在趾间隙、蹄踵（蹄球）以及趾间隙后缘之上。我们以下逐一简述。

一、蹄皮炎

（Digital Dermatitis、Foot Warts 和 Hairy Heel Warts；蹄疣、毛状蹄踵疣，等等）

按英文字面含意是“趾皮肤炎”，国内俗称“蹄皮炎”或“蹄疣”，其实都是指奶牛群体同一蹄部皮肤病，参阅图 4-1。

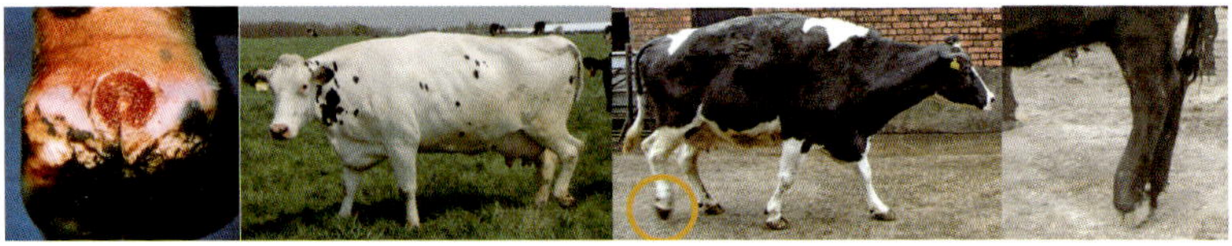

图 4-1　左分图示蹄皮炎病灶典型位置；其余三分图示蹄皮炎临床跛行步态特征。

1.蹄皮炎是如何发现的?

1974 年，两位意大利奶牛蹄病专家首次描述了本病。同年，美国一位奶牛蹄病专家观察到奶牛群体一个类似凸起疣状病变跛行疾病，并称其为“恶性疣”，这反映蹄皮炎（Digital Dermatitis, DD）那时很有可能同样业已出现在美国。一份更详尽的报告发表于1980年，其报道了组约奶牛群体蹄皮炎跛行疾病的暴发。自此，蹄皮炎便开始在世界各地不断发现。

2.蹄皮炎还有哪些名称?

蹄皮炎还有一些其他名字，如：蹄疣、毛状蹄踵疣、蹄趾疣、草莓状蹄、蹄踵树莓瘤、疣性皮炎、Mortellaro病（以发现者Mortellaro博士命名），而乳头状瘤蹄皮炎（Papillomatous digital dermatitis, PDD）或简称蹄皮炎（Digital dermatitis, DD）则看起来是本病的最精确术语，最可恰如其分准确地描述本病特征、病灶位置和损伤组织的名称。

3.蹄皮炎的病因究竟是什么?

尽管首次发现蹄皮炎至今已将近半个世纪，但本病的真正病原体并未完全确定。早期报告因其与疣外观相似而提出过病毒病因学理论；然而，迄今还未能分离出与蹄皮炎有关的任何病毒。而进一步明确蹄皮炎并非病毒的病因学证据是：临床实践中总能观察到抗生素治疗本病效果良好；给予抗生素后，病变、跛行和疼痛迅速消退。若真由病毒致病，抗生素治疗则不会奏效。

发达国家奶牛蹄病专家流行病学调查，均在蹄皮炎病变组织染色切片中检出螺旋菌。但问题是，蹄皮炎病变组织中还含有多种其他细菌，到底螺旋菌系本病真正元凶，还是螺旋菌继发其他细菌感染而引发病变，进而加重发展成为蹄皮炎？欲分离本病的真正原始致病菌并非易事，过程极其复杂。最后，即使确定了原始致病菌，能否研制开发出有效疫苗，或制定出更加实用的防治方案？目前尚无充足把握。因此，寻求彻底解决防治蹄皮炎的有效措施过程中还有很多问题需破解。不过，有一点基本可以确定：奶牛群体蹄趾长期浸泡在牛舍蓄积粪污中罹患蹄皮炎的风险极高，参阅图 4-2。

4.蹄皮炎病变有哪些特点？（参阅图4-1和图4-2）

典型蹄皮炎病变通常发生在后蹄跖面靠近趾间隙皮肤处，或蹄踵皮肤角质结合处。前蹄罹患蹄皮炎时，往往靠近悬蹄或紧邻蹄背侧（前方）趾间隙。病变一般呈圆形或椭圆形，边界清晰可见；环绕病灶周缘毛发一般生长过度；这些长毛发应明显区别于慢性病变增生区域表面因过度生长上皮组织而延伸出来的类似长毛发。上皮组织并未过度增生慢性蹄皮炎，常常病变处增厚并呈颗粒状表面；外形呈草莓或树莓状（因此本病俗称草莓状蹄、蹄踵树莓瘤），外表潮湿。

蹄皮炎病变处总是非常柔嫩敏感，即使轻微触碰，也容易引致极度疼痛和轻度至中度出血。患牛会改变其站姿或步态，藉以避免病变区域与地面或其他物体直接接触。这种对疼痛的回避行为是临床诊断蹄皮炎病变最主要的望诊指征之一；另外，这种行为还会导致患蹄负重面异常磨损。如病变发生在跖面趾间隙时，时常迫使患牛将负重向蹄尖区域转移。这无疑会导致蹄尖区域磨损，而蹄踵磨损则相对减少，因而造成患蹄整个承重面缩减。但当病变发生在蹄背侧（蹄前侧）时，患牛亦会改变站姿和患蹄负重位置，从而引发蹄尖区域过度生长和蹄踵磨损更多。对这种蹄部变形，自然需修蹄时予以正确矫正。

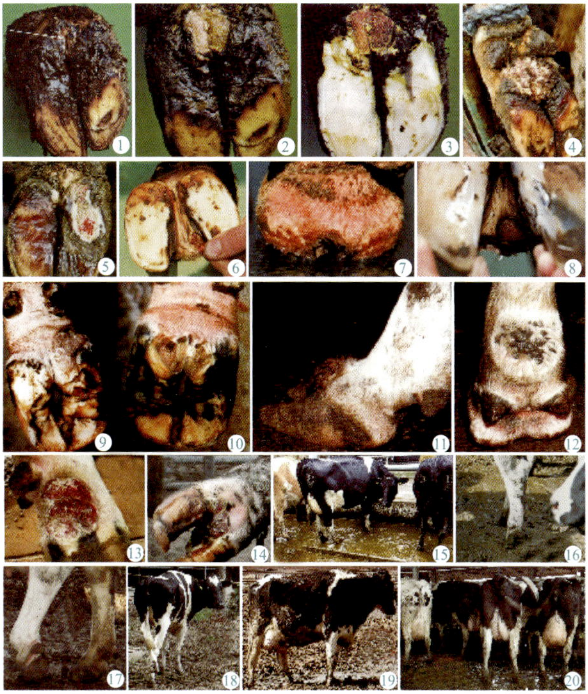

图 4-2　示各种类型蹄皮炎病变特征、罹患蹄皮炎高风险环境因素和临床跛行步态特异性：1 分图示蹄皮炎潮湿渗出病灶区缠裹许多毛发；2 分图示初步清洁蹄皮炎病灶可发现表面有一层不易剥脱的灰白色膜样渗出物；3 分图示彻底清洁蹄皮炎病灶可发现鲜红粗糙极度疼痛肉芽组织；4 分图示未及时正确处理蹄皮炎病灶发展成“毛茸茸”毛状蹄踵疣；5 分图示蹄皮炎造成 25% 蹄踵区域损伤，病灶总是存在脓性分泌物，难以负重，蹄踵角质柔软松动，围绕蹄踵球部施压检查真皮和蹄底是否分离，可呈部分疼痛反射，这种情况经常与双蹄底混淆，鉴别要点在于：双蹄底病变涉及整个蹄底区域；6 分图示蹄皮炎侵蚀蹄前区域蹄缘角质；7 分图示患牛蹄踵黑色结痂区域属典型慢性干性病变，尽管患牛未呈现跛行，但却被认为是“蹄皮炎病原体携带者”，系奶牛群体蹄皮炎疾病暴发的重要传染源，可将蹄皮炎疾病迅速传播给奶牛群体其他健康奶牛，类似于奶牛群体的高体细胞数亚临床患牛作用；8 分图示趾间皮炎；9 分图示毛状蹄踵疣特征为严重蹄踵糜烂或蹄踵角质过度生长，毛状突出部分呈白色、灰色或褐色角质化皮肤，还会有一些呈红色草莓状脱皮褥疮；10 分图示伴发蹄踵磨蚀的蹄皮炎；11 分图示具有毛状凸起上皮慢性蹄皮炎；12 分图示出现悬蹄上方蹄皮炎；13 分图示发生蹄外侧蹄皮炎，病灶周缘毛发直立，病灶表面呈颗粒状肉芽组织；14 分图示蹄皮炎病变自蹄前端趾间隙蔓延至趾间中部区域；15 分图、16 分图、17 分图、18 分图、19 分图和 20 分图示奶牛群体蹄趾长期浸泡在牛舍蓄积粪污中罹患蹄皮炎风险极高和蹄皮炎临床跛行特异性。

二、非典型蹄皮炎

（ATYPICAL-UNCHARACTERISTIC LESIONS OF DIGITAL DERMATITIS）

1.蹄皮炎炎症侵入真皮层

无论蹄部病变如白线病和溃疡，还是因矫正修蹄不当造成真皮层外露，结果常常会发展成非常疼痛的蹄皮炎，因涉及真皮层，也称蹄真皮炎，参阅图 4-3。其特征与常见皮肤病变类似，病灶表面呈颗粒状，颜色微白。病变往往涉及真皮层而非蹄匣上部皮肤，修蹄者常常称这种病变为“多毛症发作”。与病灶周缘健康真皮组织相比，病灶真皮组织轻微凸起，因此病变区域自然轮廓分明。病变区域十分敏感，即使轻微触碰都会引起患牛的剧烈疼痛反应。病变区域组织染色切片可发现大量典型蹄皮炎螺旋体。非典型蹄皮炎常与未完全愈合蹄部病变有关。临床治疗经验表明，除非有效控制感染，否则病灶无法形成新角质层，当然无法愈合。因此，必须正确病灶外敷抗生素藉以促进康复。研究人员还发现，成功治愈该病期间，这类炎症可能本身就是严重并发症。所以，为有效治疗本病，除使用抗生素外，还应一并给予抗炎类药物。

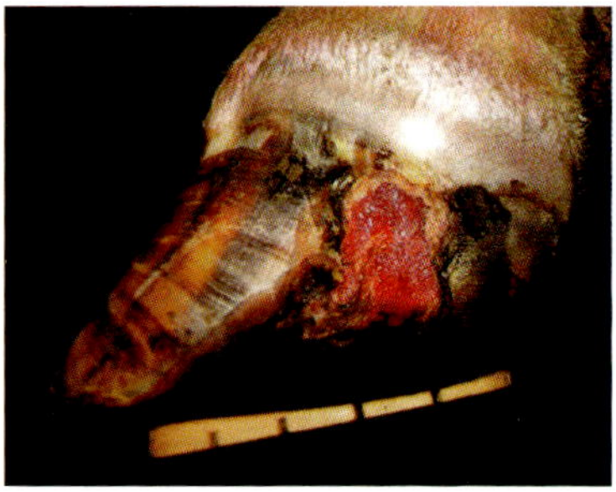

图 4-3　示矫正治疗白线病引致的继发性蹄皮炎，这类非典型蹄皮炎病变区域使患牛倍感疼痛。

2.乳房疮（Udder Sores）

也称牛型溃疡性乳房皮炎、坏死性乳房皮炎或溢脂性乳房皮炎，发病部位常在两前乳区之间下腹壁；多表现潮湿渗出性皮炎，具有特别刺鼻的恶臭，参阅图4-4。研究人员发现，蹄皮炎严重奶牛群体，乳房疮发病率会增高。两者之间的关联性业已由近期多项研究结果得以充足证实：即从乳房疮病变康复组织切片中，鉴定出与蹄皮炎相似的螺旋体细菌。不过，仍有必要进一步探索以最终确认蹄皮炎是引发乳房疮的最可能原因。先前研究早已证实蹄皮炎能通过蹄与蹄直接接触而传播，可见乳房疮亦极可能以这种类似模式在蹄皮炎患蹄与健康乳房之间传播。事实上，一些理论认为蹄皮炎病原体可由患蹄传播至腹部皮肤，因为当奶牛躺卧时，其下肢患蹄可接触乳房和腹下侧皮肤。

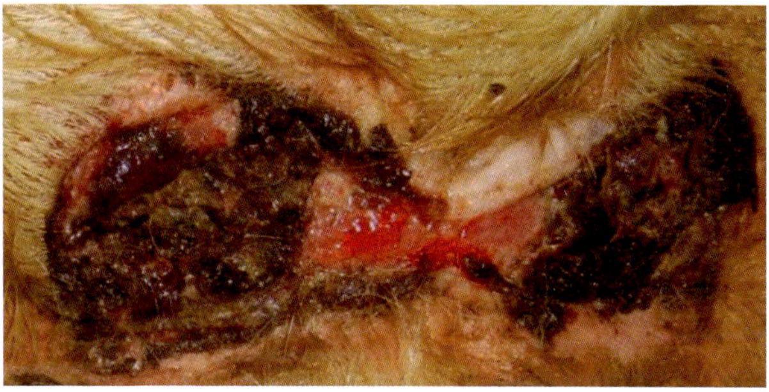

图4-4　示乳房疮

三、蹄皮炎究竟是如何发生的?

牛舍硬件设施失当、憩息环境恶劣和饲养管理欠佳等一直被认为是引发蹄皮炎的潜在原因，特别奶牛群体规模大、憩息环境潮湿泥泞和外购后备牛等尤为如此。其他增加蹄皮炎发病率的因素还包括浴蹄池管理差、水泥地面粗糙和修蹄技术人员刚完成其他奶牛场修蹄工作就立即为本场奶牛修蹄，但其设备先前奶牛场使用过后并未彻底清洁和消毒。尽管后续研究提出蹄皮炎与各种饲养管理模式之间存在重要关系，但实际尚未清晰明确其中的因果关系。换言之，以蹄浴和蹄皮炎之间的关系为例，现有数据分析并不足以指出蹄皮炎由蹄浴引起。不过，目前的明确结论是：无论如何，牛舍憩息环境是否干燥、干净和舒适系有效防控本病的重中之重。此外，基于上述研究，赴奶牛场提供蹄部护理服务人员包括兽医和修蹄技术人员也应注意自身消毒，避免成为新感染源。

泌乳早期蹄皮炎的发病率最高。一些奶牛场将这种情况归咎于自繁自养或外购育成牛分娩前蹄皮炎发病率极高所致。外购育成牛，极难保证不携带蹄皮炎病原体，并且与本场奶牛群体混群饲养前亦无法检测出其是否患有蹄皮炎。非泌乳到泌乳这段过渡期，是母牛一生中生理应激最激烈的阶段。这是因为此时母牛不仅需要适应进入泌乳期带来的生理变化，还要适应牛舍和喂饲条件改变，以及与同奶牛群体牛只打斗拼抢群内等级地位。最后，有些人还认为围产期免疫功能抑制也是产后泌乳早期蹄皮炎高发病率潜的在原因之一。

蹄皮炎病原体的潜藏点和传播模式眼下基本仍不清楚，但一般认为其潜藏于临床和亚临床感染牛只和粪污中。蹄踵中间跖侧（蹄底侧）趾间隙，为螺旋体细菌（通常能从病变区域中分离出）提供了绝佳生长环境，故而可能是其重要潜藏点。现已证明在受控条件下难以在经产牛复制蹄皮炎，但在育成牛却能成功复制。业已尝试复制本病过程如下：蹄皮炎病灶刮取皮肤碎屑，继之接种到正常健康蹄部，然后绷带包扎制造无氧和潮湿微环境，几周后再观察是否发生典型蹄皮炎病变。

四、蹄皮炎对生产性能有什么影响?

很少有研究尝试评估蹄皮炎对生产性能的影响。美国一项研究发现，蹄皮炎患牛比健康奶牛少产奶 153.3 公斤；然而，统计学差异并不显著。墨西哥一项涉及 600 头泌乳牛的早期研究也获得类似结果：蹄皮炎患牛只比同群健康奶牛少产奶 121.6 公斤，统计学差异亦不显著。不过，蹄皮炎对繁殖性能影响显著。与同群健康奶牛比较，蹄皮炎患牛空怀天数从 93 天增至 113 天，平均空怀天数比正常奶牛多了大约 20 天。

五、北美如何防治蹄皮炎?

过去的治疗措施如下：

1. 手术切除。
2. 蹄浴。
3. 病灶局部外敷各种消毒剂和抗生素。
4. 冷冻外科手术和电烙术破坏病灶组织。
5. 病灶处理后绷带包扎。
6. 全身给予抗生素。

以上 6 种方法，除冷冻外科手术和电烙术破坏病灶组织，其他 5 种均较常见，但各仅局限于一定情况下采用。

图 4-5　左分图示病灶处理后绷带包扎；左中分图示蹄浴；右中分图示挤奶厅使用非抗生素药物外用喷剂治疗蹄皮炎，以避免原奶出现抗生素残留；右分图示现代规模化奶牛场，可将患牛颈夹保定后喷洒患蹄，这样会更省时。

如使用弹性绷带，包扎要松紧适当，蹄正面或侧面打结，这有助于日后卸除绷带，也会避免绷带包扎数日后越缠越紧，影响病变区域血液循环而致延宕痊愈。

蹄浴流程需执行到位：视蹄浴液脏污程度决定多久需要补充或更换一次新鲜蹄浴液；应参考蹄部泥泞或粪便污脏状态，通常每蹄浴池新鲜蹄浴液最多可蹄浴 50 头奶牛；有时因蹄浴流程未严格执行到位，应用蹄浴防治蹄皮炎反而常常弊大于利。

2 周内连续 8 ～ 10 天病灶表面喷涂抗生素与非抗生素药物，奏效明显。这种治疗方法的主要缺点是：耗用劳力多，而且药液经常难以喷涂到趾间隙病变区域。如使用蹄浴，则药液更有可能直达趾间隙病变区域，疗效相对比较可靠。不过，执行蹄浴流程必须一丝不苟，否则将会事与愿违。再有，蹄浴本身也是效率低且成本高。例如，为治疗奶牛群体 10% ～ 15% 患牛，必须使所有奶牛列队鱼贯通过蹄浴池。在这一点，局部外用喷药仅只针对处理患牛，故药物成本较低。

病灶局部外敷抗生素的治疗效果（病变区域喷药或外敷抗生素 + 绷带包扎）也受病变位置影响。曾有研究表明，相较于蹄踵或悬蹄病变，发生跖侧（蹄底一侧）趾间隙病变区域外敷抗生素疗效不佳。有限证据还表明，病灶外敷抗生素的治疗效果还可能受病变所处病程阶段和病原体抗生素是否敏感等诸多因素影响。病灶外敷抗生素 + 绷带包扎治疗特别有效，大多数患牛 24 ～ 48 小时内症状显著缓解。然而，考虑到需要及时卸除绷带，故有人建议采用无须绷带的抗生素溶液或膏剂。再有，采用绷带还会因为包扎过紧而影响蹄部正常血液循环，进而有可能损伤蹄部。病灶外敷抗生素治疗可直达趾间皮肤病变区域，以及克服采用病灶外部喷洒或蹄浴无法直达病变区域的短板，此为该法最大的潜在优势。但是，目前一致认为，合理恰当统筹使用以上所有这些措施来处理蹄皮炎病变，将可获得最佳疗效。

六、欧洲如何防治蹄皮炎？

手术切除病灶和根据需要实施修蹄在欧洲早已实践很多年。然而，20 世纪 80 年代初普遍流行的做法是病灶局部外敷一种外用盐酸土霉素和龙胆紫复合药物（北美未见使用这种复合药物）。该法首先需将患牛修蹄架稳妥保定，并固定牛蹄于便于检视和处理位置。一旦确诊为蹄皮炎，则彻底清洁病变区域，继之喷敷该复合药物。据报道，患牛保定状态下，待病变区域首次外敷药液干燥后，再紧接着喷敷第二次，随后释放患牛，治愈率可高达近 90%。后续研究表明，土霉素系该复合药液的有效成分，单独使用足以奏效。所以，这为无须使用绷带包扎治疗蹄皮炎提供了佐证。

七、是否接种疫苗可预防蹄皮炎？

由于蹄皮炎复发率高且难以方便地治疗某些高发病率奶牛群体，如育成牛。因此，非常有必要研发能有效防控蹄皮炎的疫苗。螺旋体疫苗防控牛蹄皮炎早期研究初步结论是使用该疫苗免疫可以降低蹄皮炎的临床发病率。不过，与此相反，德国研究人员发现接种患牛特异病原体疫苗，包括螺旋体属疫苗并无任何效果。近期，美国一次现场试验也观察到类似结果：发现接种螺旋体属疫苗无治疗或预防效果。当前，尚无市售可用于有效防控蹄皮炎的疫苗。

八、什么是趾间皮炎?

（INTERDIGITAL DERMATITIS; Slurry Heel; Stable Foot Rot and Scald）

趾间皮炎，也称粪污蹄踵病、厩舍腐蹄病和“蹄烫伤样病变”等，是趾间皮肤急性或慢性炎症，并蔓延至真皮层，参阅图 4-6。散栏式牛舍，或牛蹄总是浸泡在潮湿粪污泥泞环境，趾间皮炎极为常见。趾间皮炎被认为由多种病原体混合作用所致；病原体包括：坏死梭状杆菌（Fusobacterium Necrophorum）和螺旋体（Bacterial Spirochetes），可能还有节瘤偶蹄菌（Dichelobacter Nodosus）。

趾间皮炎病变一般局限于皮肤，病变皮肤通常增厚，表面发生糜烂附连组织液渗出，散发出独特的恶臭气味。这些渗出液连同炎症组织碎屑使病变区域表面形成一层干燥硬皮。

碰触病灶同样会引起剧烈疼痛；另外，感染随后还会蔓延至蹄踵角质，导致蹄踵糜烂，这是趾间皮炎最明显的外观特征。趾间皮炎早期阶段，蹄踵角质由于感染侵蚀而表面呈现出坑坑洼洼麻点状外观。随着病情发展，蹄踵角质粗糙、麻点状表面会出现龟裂，这足以严重损伤蹄踵和蹄底角质。与发生蹄踵糜烂同步，蹄部角质将加速生长，这会继发其他蹄部病变，特别处于封闭牛舍时，更易造成蹄底溃疡。

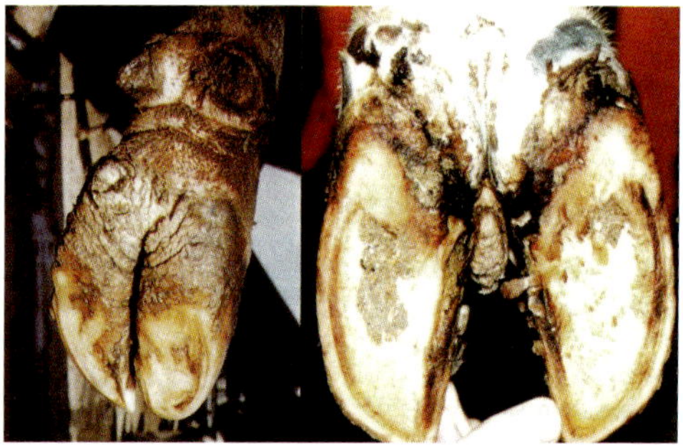

图 4-6　左分图示趾间皮炎经常涉及发生在趾间皮肤的急性炎症，往往造成剧烈疼痛且散发出特异臭味；右分图示慢性趾间皮炎导致趾间皮肤出现硬结。

蹄底过度生长往往发生在后蹄外趾趾间隙区域，这会导致趾间空间变窄，使得粪污和垫料等脏物更易滞留于趾间区域。所以，修蹄时朝趾间区域方向修整出一定倾斜度，旨在专门矫正该区域过度生长，并协助控制趾间皮炎。之后本书第六章“如何正确修蹄？”将对此进行详细论述。

通常认为趾间皮肤软化与磨损，使病原体更容易侵入。有证据表明，坏死梭状杆菌（正常存在于胃肠道）会产生一种毒素能够侵蚀趾间表皮，这将有助其他病原体更容易侵入，而其中某些侵入病原体会引发更严重的蹄部疾患。有些研究者认为，腐蹄病就是继发于趾间皮炎。

九、如何有效防治趾间皮炎？

常常重症趾间皮炎发展至跛行时，需进行单独处理。由于趾间皮炎病变区域往往仅局限于表皮层，所以只需实施局部外部治疗即可；病灶外敷土霉素和林可—大观霉素可获得不错的疗效。

患牛置于清洁和干燥憩息环境后，趾间皮炎经常会自然痊愈。因此，牛舍粪污管理到位极其重要。此外，定期修蹄可维持蹄部合理负重，去除蹄匣硬化皱纹（苦难线）和削掉蹄踵糜烂区域受损角质，也是蹄部护理的重要组成部分。至于奶牛群体有效防治趾间皮炎，蹄浴流程无疑是最合理的选项，缘于病变主要涉及趾间隙区域，采用局部外敷法并不切合实际。

十、什么是趾间纤维瘤或“鸡眼”？

（Interdigital Fibroma or“Corns”；参阅图 4-7）

慢性趾间皮炎往往会演变形成肿瘤状纤维瘤或“鸡眼”。当然，其并非真正的肿瘤，而是由于趾间皮肤慢性炎症刺激皮肤所形成的皮肤硬结。还有一些研究者认为，由于蹄部自身结构特点导致趾间皮肤牵拉，或蹄趾外展致蹄趾与地面之间落点不当而造成硬性损伤是趾间纤维瘤的成因。

不管本病成因如何，但罕见引发跛行。如果发生跛行，多缘于继发感染了蹄皮炎或腐蹄病。这种情况下，合理防治措施非常重要。如未继发蹄皮炎或腐蹄病却依然跛行，便可确定跛行缘于纤维瘤，可手术摘除。人们往往误解这一手术流程简单且无风险，但经验表明远非如此。据实施过此类手术的兽医所了解，该摘除手术极易造成蹄部严重失衡，甚至影响远端趾间关节，两者皆能产生严重后果。

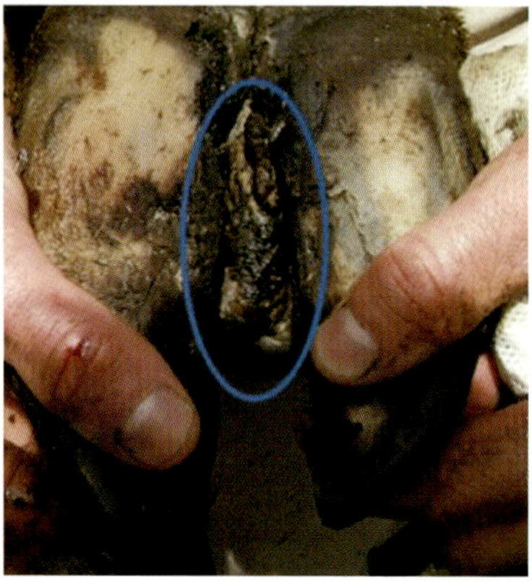

图 4-7　示趾间纤维瘤

十一、什么是腐蹄病和“超级”腐蹄病?

（Foot Rot and“Super”Foot Rot；参阅图 4-8）

腐蹄病，也称为趾间蜂窝织炎或趾间坏死杆菌病，系趾间皮肤传染性疾病；特征为发炎、发热、发红、肿胀以及中度至重度跛行。大多认为腐蹄病继发于趾间皮肤损伤或磨损。趾间皮肤发生外伤或磨损时，牛胃肠道两种正常菌群，即梭状杆菌属（Fusobacterium sp.）和利氏卟啉单胞菌（Porphyromonas Levii），得以容易污染和侵入损伤区域，从而造成二次感染并继发腐蹄病。

若未能在发病早期及时给予治疗，将导致并发症，结果发展为蹄趾深层败血症。如病情严重至此，药物治疗往往收效甚微，可选择的救治方案只有动手术或安乐死。

最近几年，英国临床兽医已报道了本病更极端的形式，称为“超级腐蹄病”。其特点是跛行急性发作，并伴有蹄部严重肿胀。肿胀发展迅速且涉及蹄部软组织。这种形式的腐蹄病所导致的趾间病变往往特别严重，几乎无法治愈。

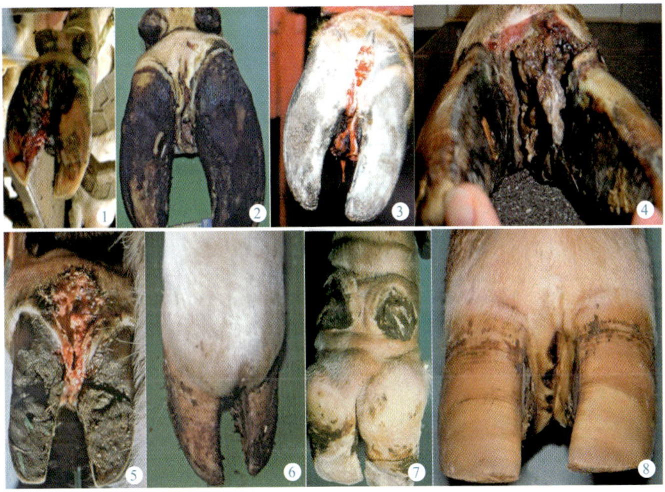

图 4-8　1 分图示蹄部坏死和肿胀；2 分图示腐蹄病典型趾间皮肤开裂，导致暴露皮肤下真皮；3 分图示腐蹄病蹄趾中间肿胀，此情况会继发严重趾间病变；4 分图示趾间皮肤坏死和蜕皮，排出物具有典型的恶臭气味；5 分图示“超级腐蹄病”引致严重趾间坏死；6 分图示腐蹄病造成蹄冠区域肿胀而与蹄趾被迫分离；7 分图示趾关节后脓肿的显著特征是仅一蹄趾周缘肿胀，但腐蹄病时，双蹄趾和全蹄均肿胀；8 分图示腐蹄病肿胀会造成双趾分开，造成双趾之间裂隙超过正常。

十二、如何有效防治腐蹄病？

成功治疗腐蹄病的关键在于及早发现并病程早期就实施正确治

疗。首选治疗方案是静脉或肌肉注射专门用于治疗腐蹄病的抗生素，而局部外敷治疗则是可选项，稍后将详述。无并发症病例，给药后24～48小时症状就会显著改善，3～4天后恢复良好。除“超级腐蹄病”外，大多数病例，全身应用抗生素均奏效。因此，用药剂量和疗程持续时间常常比选择何种抗生素更为重要。

十三、如何正确处理趾间病变?

不论治疗趾间病变持什么观点，建议至少采用以下程序。首先，彻底清洁趾间病变区域，并仔细检查以确诊为腐蹄病而不是异物（如钉子或其他物体）嵌入趾间隙等状况。其次，小心清除坏死组织会促进愈合，但亦引起患牛疼痛，因此有时也可能需要实施麻醉。最后，除清除坏死组织外，保守疗法还包括病灶局部外敷抗生素并绷带松散包扎；任何时候绷带包扎，切忌绷带缠绕过紧而影响蹄部血液正常循环。

已发展成蹄趾深层败血症腐蹄病病例，则预后不良，选项不多：或实施手术疗法（视病变许可）、或屠宰（待病变急性期过后）、或施行安乐死（对某些严重病例）。此做法同样适用于经积极治疗，但仍然无法痊愈的偶发性“超级腐蹄病”。

十四、如何有效防控奶牛群体腐蹄病?

趾间磨损或外伤系腐蹄病的重要诱发因素，因此需着重查找憩息环境易发生问题区域（例如水泥地面损坏区域）。腐蹄病患牛很容易成为腐蹄病的重要传染源，传播具传染性的有毒菌株。因此，及时隔离和治疗疑似腐蹄病患牛将有助于限制腐蹄病病原体奶牛群体扩散。

大多数观点都认为，蹄浴管理到位，将是防控腐蹄病的有效手段。看起来蹄浴似乎在治疗和防控两方面都有价值，但对此认可的科学证据则几乎没有。通常建议蹄浴液使用浓度 3% 至 5% 福尔马林，以及 5% 到 10% 硫酸铜；也有主张使用混入 10% 硫酸铜熟石灰进行干粉蹄浴。蹄浴有效与否，关键在于蹄浴系统管理一定要到位，有关此点本书“第五章如何做好蹄浴工作？”将会详细论述。目前应用腐蹄病疫苗的效果尚未通过试验确定，故不推荐作为防控手段选项。

十五、泥污热

（Mud Fever；参阅图 4-9）

泥污热是一种发生在下肢的广泛性皮炎，往往与寒冷、潮湿和泥泞憩息环境密切相关。泥污热呈零星散发，下肢皮肤积蓄泥垢污物的多寡对引发本病有重大意义，一般后肢较前肢更易发生。某些严重病例，炎症甚至可蔓延整个后肢。炎症常会使患部出现严重脱毛、皮肤红肿并增厚。尽管本病不会引发跛行，但会使患处皮肤严重发炎。目前本病的确切病因或病原体依然未知，但可能涉及嗜皮菌属细菌，建议病变处喷敷含有润肤剂乳头药浴液，进行局部外部治疗。

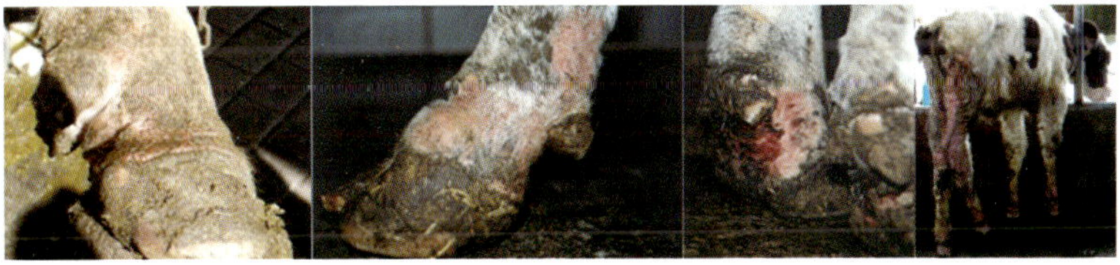

图 4-9　示泥污热蹄病临床症状

第五章 如何正确做好蹄浴、患蹄喷药和患蹄绷带包扎工作？

蹄部皮肤疾病是奶牛群体跛行疾病发病率高的重要原因之一；其不同于由代谢紊乱和物理机械性损伤诸多因素引起的蹄部病变，而是由病原体感染所致。因此，这类蹄病的正确诊疗防措施，主要采用抗生素蹄浴液或消毒蹄浴液实施蹄浴，或患蹄病灶喷敷外用溶液，以及单独治疗个别严重病例：绷带包扎或裸露不做绷带包扎。

一、如何正确做好蹄浴工作？

蹄浴是防治奶牛群体传染性蹄病的传统模式。不过，我国奶牛场涉及如何正确蹄浴的设计思路和合理使用流程与发达国家相比存在一定差距；例如：蹄浴池究竟应该安装于何处？蹄浴池尺寸大小究竟多少合适？蹄浴频率究竟应为多少？一次新鲜蹄浴液究竟能提供多少头牛使用？蹄浴液究竟需使用何种药物及其浓度多少为宜？等等。眼下，有关蹄浴的操作流程大多数来自既往经验和临床印象。但是，由于各奶牛场具体情况不尽相同，自然效果相差很大。所以，必须透彻解读业已公布的蹄浴信息并慎用之，否则将会适得其反且弊大于利。

1.哪些情况应该采用蹄浴?

蹄浴主要适用于防治蹄部皮肤传染性疾病，如：趾间皮炎、腐蹄病，以及也被称为蹄疣的蹄皮炎；以约 15 厘米深蹄浴液浸泡蹄部表面足够时间，可有效处理大部分蹄部、包括那些发生于悬蹄以及趾间部位的皮肤病变。由于蹄皮炎、趾间皮炎和腐蹄病等病变通常会感染趾间区域皮肤，因此，蹄浴，作为防治这些病变最为实用的措施，长期以来一直受到青睐。还有，因大多数蹄皮炎病变发生在蹄部后侧（例如蹄踵或毗邻趾间隙部位），故亦可通过各种非抗生素和抗生素药液病灶外敷喷淋加以治愈。此外，治疗趾间部位病变严重病例还可以施行“开小灶”单独特殊治疗。

需要特别强调的是：蹄浴防治蹄叶炎、蹄溃疡（蹄趾、蹄底或蹄踵）以及白线病收效甚微甚至毫无效果。更为严重的是：由于这几种蹄病可能存在着真皮层开放性病变，使用蹄浴处理将更可能适得其反。而另一方面，临床观察表明，蹄浴可以防止病原体感染蹄部皮肤，也正是基于此点，使其成为奶牛群体跛行管理中的一种惯用手段。尽管普遍认为蹄浴可以改善皮肤和蹄部角质硬化，但现场观察却不明显，而且匮乏相关佐证资料。

2.蹄浴有哪些方式?

目前有 2 种蹄浴方式：

1）站立式亦称固定式蹄浴（参阅图5-1和图5-2）

固定式蹄浴池通常由水泥建成，固定在挤奶厅出口通道。便携式蹄浴系统由纤维板、橡胶或硬塑料等材料制成，其优点是可以随意移动到方便处进行蹄浴。作为 种站立式蹄浴，便携式蹄浴系统特别适合用于进行单独病例个体化治疗，其可以对患牛单蹄、双蹄或者 4 蹄进行长时间蹄浴。也有人采用较大固定式蹄浴池同时对几头牛蹄浴。性情温顺患牛也用 20 升左右容量桶，装上温热消毒液，逐一单独蹄浴；一般经几次处理后，这些患牛即可习惯，稍一辅助，即可抬蹄进桶。蹄底趾间隙处蹄踵所形成的凹槽（蹄后侧蹄踵之间）为蹄皮炎、趾间皮炎和蹄踵糜烂等相关厌氧病原体衍生繁殖提供了理想微环境；如欲杀灭这些部位的厌氧病原体，需要这些区域与蹄浴液充分接触，通过式蹄浴模式则很难达到理想效果。站立式蹄浴则是治疗慢性蹄皮炎、趾间皮炎和蹄踵糜烂等蹄病非常管用的方式。

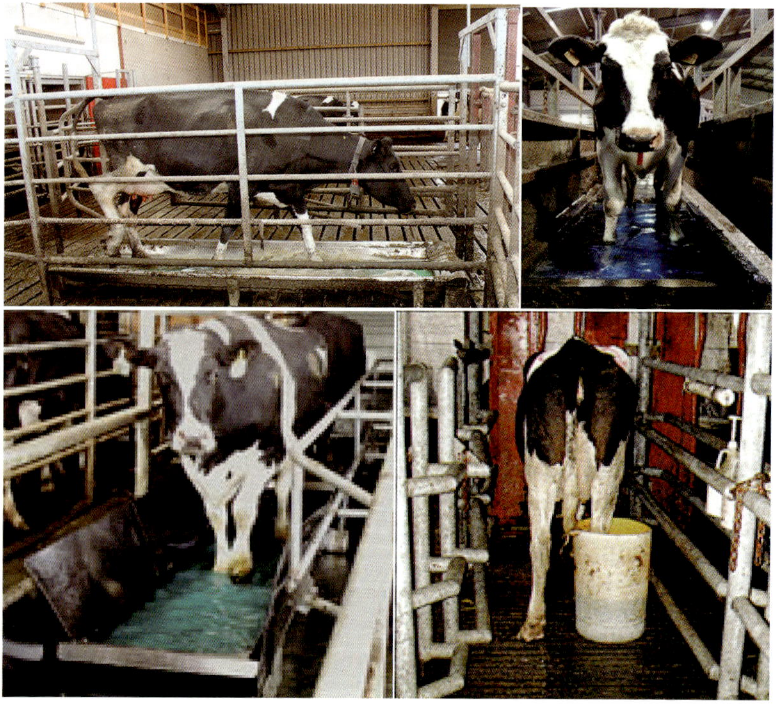

图 5-1　示简易站立式蹄浴，用于治疗慢性或严重蹄部感染疾病

图 5-2　示各类便携式蹄浴系统

2）通过式蹄浴（参阅图5-3）

无须赘述，参见图 5-3 即可一目了然。

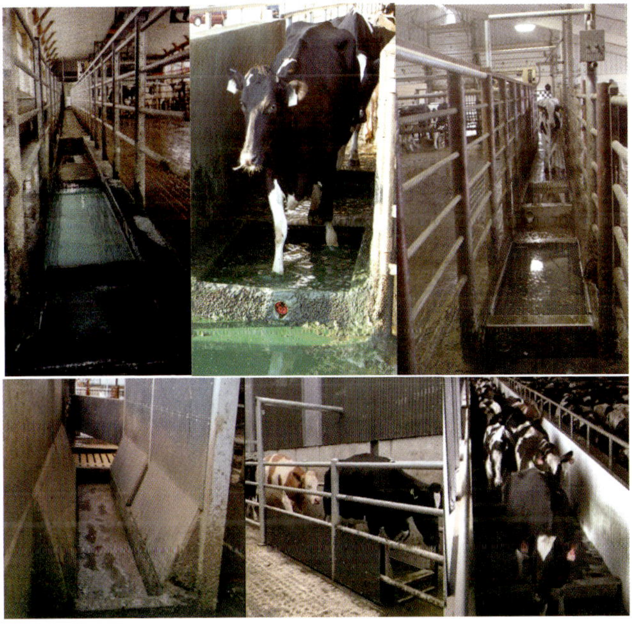

图 5-3　示各类通过式蹄浴池，尽管通过式蹄浴池系奶牛群体跛行疾病防治管理措施的优选手段，但需要非常细致、合理严格执行的操作流程。

3.蹄浴都使用哪些消毒剂和抗生素?

1）抗生素

常推荐使用蹄浴液抗生素浓度 0.1 克 / 升至 10 克 / 升；然而，可惜的是这些抗生素会很快被蹄浴液里的污泥和粪便中和而失效。因此，防治规模化奶牛场或饲养在泥泞环境奶牛群体跛行疾病，抗生素蹄浴液应用效果非常有限。既往认为使用添加抗生素蹄浴液，一次新鲜蹄浴液足以处理 150 ～ 200 头牛。但是，北美奶牛临床兽医研究表明：仅仅 50 头牛通过土霉素蹄浴池后，就会导致 pH 值和固体浓度发生很大变化。

另外，还要考虑抗生素蹄浴液成本；要完全达到有效药物浓度是非常昂贵的；并且，由于牛只有时还会饮用蹄浴液（即使被粪便和其他有机物污染），这当然又会造成药物残留问题 。

2）硫酸铜、硫酸锌和福尔马林

蹄浴液中也常用硫酸铜或硫酸锌。但是，现有资料表明，它们都会很快地与有机物中和，进而失效。硫酸锌可以有效防治羊只腐蹄病；但少有研究表明对牛只同样有效，并且，尚不清楚其对牛只跛行防治管理是否也有效。一项使用 8 种不同种类蹄浴液的研究显示：3% 福尔马林或 3% 福尔马林 +2% 硫酸铜混合液抗菌效果最佳。羊群蹄浴研究中，5% 硫酸铜蹄浴液具有中等抗菌效果，但对皮肤则有明显刺激性。

福尔马林是甲醛气体（约 37% ～ 40%）甲醇溶剂水溶液，具有杀菌和硬化组织双重特性，因而成为蹄浴液的合理选择之一。福尔马林几乎能与全部有机物反应，而与蛋白质反应则是其成为一种消毒剂和生物标本防腐剂的根本原因。3% ～ 5% 福尔马林蹄浴液业已广泛用于奶牛群体跛行疾病的防治管理。多年研究和临床经验证明，若应用得当，可以有效防治蹄皮炎。基于此，常用其防治蹄部皮肤感染性疾病。

但是，治疗蹄趾病变时，根据既往经验，反复接触刺激性或腐蚀性蹄浴液可能损伤修蹄后裸露纤弱的真皮组织，这无疑会恶化原有病变，或大大延缓痊愈过程。若此时还绷带包扎患趾，则情况会更趋糟糕。通过蹄浴池 1 ～ 2 次就会完全浸湿绷带，成了福尔马林液裹布。此时，真皮组织损伤处与福尔马林液如此长期持续接触，抵消了绷带包扎的应有效果，使其流于治疗形式，而不是真正为了治愈患趾。

需要更加注意的是，通常不推荐使用超过 5% 浓度的福尔马林，这是因为可能引起蹄部皮肤化学性灼伤，参阅图 5-4。还有，若操作员工吸入福尔马林挥发性气雾，则会损伤其呼吸系统黏膜；若人体皮肤反复接触福尔马林，则会导致严重的皮肤组织炎症和坏死。

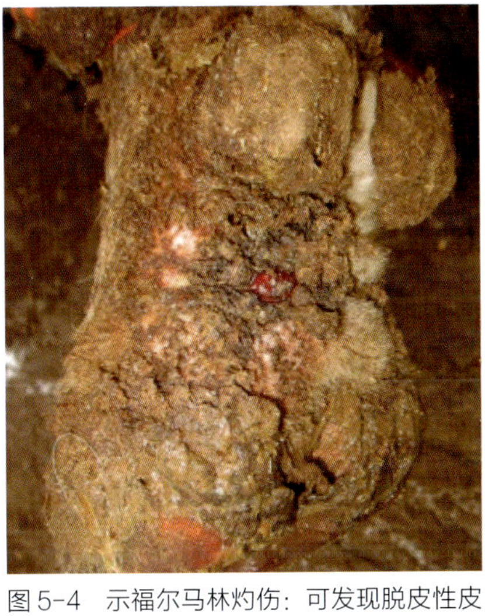

图 5-4　示福尔马林灼伤：可发现脱皮性皮炎，悬蹄下方皮肤损伤；还可发现毗邻蹄底蹄踵皱襞区域溃疡周缘呈现暗色病变。

福尔马林蹄浴液的另一个缺点是低温时其活性丧失。据报道，温度降低到 10℃以下时，其消毒作用将明显下降；因此，不宜在寒冷气候或凉爽季节应用（特别是固定式蹄浴）；后续研究表明，奶牛通过式蹄浴后约 3 分钟内，趾间皮肤温度才能恢复到接近体温水平。

硫酸铜可能是蹄浴液中最常用的，其对人体的危害性和对奶牛健康的副作用均较小。实践中确实有很多人用硫酸铜蹄浴液来防治腐蹄病、蹄皮炎和趾间皮炎。然而，1998年的一项国外研究报道了一些关于蹄角质在粪污和硫酸铜作用下令人不安的发现。研究人员将小块蹄部角质置于5%硫酸铜、5%福尔马林和粪污中，观察这些物质对于角质完整性的影响。结果发现：粪污与5%硫酸铜混合环境下，角质通透性（多孔性）增加，继而导致细胞间质分解；但是，福尔马林液处理蹄角质试验中，却没有出现这些现象。这些试验表明：经常使用硫酸铜蹄浴液可能会损害蹄部角质质量，同时，这也表明恰当处理粪污对于保护蹄角质的完整性和健康比目前人们所想象的更为重要。

近年来，为了提高硫酸铜治疗蹄皮炎的效果，有人将药液浓度增加到10%或更多；虽然有迹象表明疗效获得提高，但成本过高和环境污染等因素（后续详解）却极大地限制了硫酸铜的长期使用。这使得市场开发出各式各样的硫酸铜制剂，最有代表性的就是硫酸铜酸性化溶液，广告宣传说其具有更多生物活性铜离子，但总含铜量却更低；尽管广告宣传和未设对照组试验宣称这些制剂具有疗效，但经过科学鉴定的证据并不多。

3）蓝钻蹄浴液（参阅图5-5）

蓝钻蹄浴液是我国上海兴牧清洁用品有限公司自主研发推出的一种复合型高浓度蹄浴液，经多年全国各地众多奶牛场反复使用验证反馈效果良好。该款蹄浴液无抗生素成分，所以不会造成原奶抗生素残留；相比甲醛，无刺激性，正确使用对人员和奶牛安全无害，其杀菌效果不受温度影响，所含螯合剂进一步提高金属离子利用率，从而既能有效强化牛蹄角质层，又可减少重金属离子污染环境，可谓一举两得。换言之，蓝钻蹄浴液既能发挥甲醛原有的杀菌优点，又可避免甲醛的刺激性和低温失效缺点。再有，相比硫酸铜，该蹄浴液稀释流程更加简捷易行。还有，蓝钴蹄浴液具有多种杀菌成分，同时兼备抗有机物能力强和杀菌力持久等特点，领先复合配方技术又能彻底清洁牛蹄脏污杜绝厌氧菌产生条件，直接或间接提高杀菌效率。常推荐 1 ∶ 200 稀释使用，每周 2 ～ 3 次；蓝钴高倍稀释液现场使用不但方便，还可显著节约蹄浴成本。

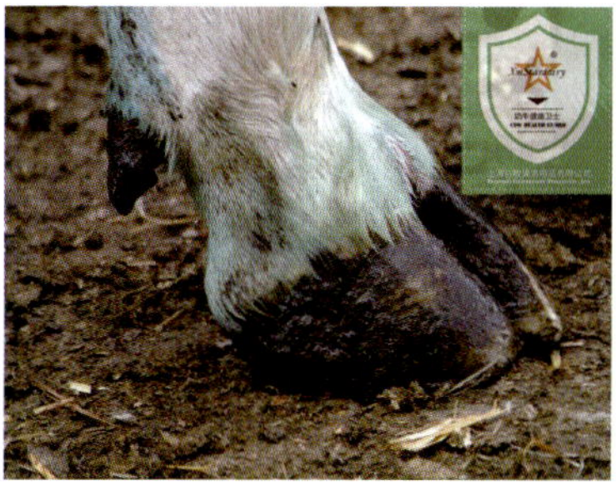

图 5-5　示我国上海兴牧清洁用品有限公司自主研发推出的一种复合型高浓度蹄浴液——蓝钴蹄浴液现场浴蹄效果。

4）我国目前常用蹄浴液优缺点如何？（参阅表5-1）

表 5-1　我国目前常用蹄浴液优缺点如何？

蹄浴液种类	优点	缺点
福尔马林 （3% ～ 5%）	性价比高，效果好	＜ 14℃时低温效果差；影响人和奶牛健康，具有致癌作用；用于危险化学品管，严格管理；操作不当会影响牛奶质量
硫酸铜（5% ～ 10%）	经济实惠易采购	溶解需专门设备；直接使用引起环境污染
复配蹄浴产品：综合蹄浴液消毒、蹄固化和清洗功能	功能全、使用方便、环境友好	成本高，目前市场产品质量良莠不齐
蓝钴蹄药浴液：用于规模奶牛场蹄浴池	1. 复合配方，具有清洁、杀菌和蹄固化功能 2. 无抗生素成分，不影响牛奶质量 3. 耐污染能力强，更经济 4. 蓝色配方，对蹄浴效果一目了然 5. 正常使用不污染环境 6. 浓缩液体配方，使用方便，性价比更高 7. 正确使用对人员和奶牛安全无害	

4.蹄浴对环境有哪些影响？

环境中，福尔马林可氧化为甲酸，最终转变为甲醇；而甲醇会降解成水和二氧化碳。因此，福尔马林对储粪池的破坏和从蹄浴池正常排放数量均可以不予考虑。尽管如此，考虑到对人体健康的负面影响，尤其有致癌作用（福尔马林与人体接触时，会有一定量的甲醛滞留人体内，长期接触会导致癌变的发生），发达国家目前禁止或严格限制使用福尔马林蹄浴液。

需要注意的是：蹄浴液中含有抗菌素属于处方指征外应用，所以必须格外小心翼翼。尽管这类蹄浴液造成药物抗生素残留的可能性不大，但总是存在一定风险。对于蹄浴液药物残留实际关注更多的还是抗生素与土壤结合；近期一些研究发现，虽然这些残留抗生素被土壤颗粒牢牢吸附着，但依然保持着生物活性，故尔影响对地面环境中耐抗生素细菌的筛选。

再有，蹄浴液残留硫酸铜如随粪污排入江河或湖泊，会迅速耗尽水中氧气量，严重影响鱼类生存；如污染土壤，会产生一种铜毒素，并带来极大的负面影响；硫酸铜在土壤中不可降解，只能被植物吸收殆尽或雨水、灌溉淋洗清除。因此，发达国家现今罕见继续使用硫酸铜蹄浴液。

总之，虽然当下蹄浴仍然是防治奶牛群体跛行疾病的首选方式，但是，必须仔细谨慎使用。否则，可能无效、适得其反，甚至存在潜在危险性和严重污染环境，同时劳民伤财。假如能从设有对照组试验中获得可靠数据，无疑将有助于明确蹄浴目的，以及真正理解如何正确选择防治奶牛群体跛行疾病的最佳方案。

5.如何正确设计蹄浴池和管理蹄浴?

1）如何正确选择蹄浴池位置?

普遍熟悉的蹄浴方式是通过式，自由卧栏饲养系统中，通常将蹄浴池安置在挤奶厅出口通道；长期固定在地面，但有一些则为便携式，必要时可重新定位。蹄浴池安置在挤奶厅出口通道有一缺点，即在某些情况下会出现奶牛群体通过时迟疑徘徊不前或速度减缓；这样，蹄浴液就会被严重污染而效果降低。设计通过式蹄浴池的目的是让奶牛群体连续不断鱼贯穿过蹄浴池而不是长时间滞留其中。理想状态下，经过蹄浴池后，奶牛群体将进到一个干净和干燥区域 15 ～ 30 分钟，以使蹄浴液与蹄表面充分接触；这常常需要保持挤奶返回通道干燥、干净、舒适、防滑和不拥挤，同时装置饮水槽。

此外，出口通道安置蹄浴池时，地面坡度可能是另一个问题。安装时，如果蹄浴池底面和出口通道地表平行一致，那么蹄浴池入口处蹄浴液深度要比出口处浅很多。例如，出口通道安置长 3 ～ 3.7 米、斜度 ≥ 2% 的蹄浴池，那入口处深度和出口处深度相差超过 7.5 厘米。基于此，也有人建议在地表无坡度位置安置蹄浴池，而非仅仅在出口通道。

设计安置时也应保证蹄浴池底面等于或高于毗邻地表，也就是说，设计蹄浴池时应使其入口和出口处于同一高度。这能保证奶牛群体顺利通过，因为牛对深度感知很差，通过蹄浴池时经常畏缩不前。蹄浴池底面低于毗邻地面时，奶牛群体经过时会产生不安全感，要么停止前行，要么试图跳过蹄浴池，因为它们感知那简直是个无底洞。再者，与地面处于同一高度时，蹄浴池易于维护，并较少受清洁挤奶厅等候区和出口通道的冲洗系统影响。此外，蹄浴池边缘应光滑，以免损伤牛蹄。

2）为何需设置旁侧通道系统？

蹄浴池旁侧应该设有旁侧通道系统，也称双返回通道系统；旁侧通道系统不进行蹄浴时启用。这可以节省养护蹄浴池时间和费用。

3）为何需进行药浴前浴蹄?

另一种能够延长蹄浴液效果的技术是在通过正式蹄浴液之前预先进行一次蹄浴，亦谓前蹄浴。北美一项针对前蹄浴和正式蹄浴液所产生固体物的检测研究表明，前蹄浴时产生的固体物更多。研究人员由此得出结论：即奶牛群体更易在前蹄浴时排泄，因此可以通过前浴蹄来延长正式蹄浴液效果。然而，另外一些研究人员发现，奶牛群体无论在前蹄浴还是之后的正式蹄浴液通过，排泄概率相当。这些研究得出的相互矛盾结论正好印证了要取得这些问题的确切答案有多么困难。

前蹄浴池应该与正式蹄浴池前后毗邻排列或间隔一段距离（3～3.7米）单独设置。需要注意的是当前后两个蹄浴池毗邻时，前蹄浴池中的液体往往会迸溅或被牛带到正式蹄浴池中，那无疑等于稀释了正式蹄浴液的药物浓度，故需要频繁更换或增加药液。目前存在一种观点是，如果使用前蹄浴池，就不应该与正式蹄浴池前后毗邻安置，而是两者之间需保持3～3.7米距离。

前蹄浴液成分可为清水或含少量中性洗涤剂水。不过，前蹄浴液中加入洗涤剂的确切作用还是未知数。然而，一些人认为既然大多数肥皂和洗涤剂都具有抗菌和清洁效果，那么其也可能比单纯使用清水更有益处（假定不和蹄浴液抗菌效果中或相互干扰）。说到底，目前还不清楚前蹄浴的确切作用，但却已知需要定期维护前蹄浴设施，而这只能说明使用其毫无优点可言，除非有明确证据确证使用其可产生显著效果。

4）如何更换或补充蹄浴液和及时清理蹄浴池?

设计蹄浴池还要考虑如何根据实际需要而简单方便地更换或补充蹄浴液。如忽略此点，那么真正开始使用后就会发现诸多不便，同时还要耗费额外时间和精力。最为简易的设计是在蹄浴池一端装有排水拉塞，可以快速排放需更换的蹄浴液；同时附带一个喷头水管，可以快速清洗蹄浴池；再连接一个蹄浴液快速灌注系统。补充水源和添加消毒剂或抗生素应采用重力导流原理系统，补流管道口径应足够大，这将使蹄浴液更换或补充操作流程相对简单安全。

5）蹄浴池容积大小多少合适？（参阅图5-6）

最简单的算法一般按每头牛 1 升水来计算蹄浴液体积。早先，人们尝试安置较大容积蹄浴池来避免蹄浴液污染和中和问题，这来自“解决污染良方是稀释”这一理念。但是，使用较大容积蹄浴池无疑需要更多时间和成本来清理、更换或补充新鲜蹄浴液。新近，蹄病学者推荐通过式蹄浴池大小为：2.75 ～ 4.6 米长、90 厘米宽和 15 厘米深；蹄浴池容量约为 380 ～ 644 升。显而易见，“通过稀释解决污染”而设计较大蹄浴池确实成本昂贵。然而，蹄浴池过小更不利，因为蹄浴液很快就被有机物中和了。

之所以要考虑蹄浴池容积大小，是因为蹄浴液接触面一定程度受蹄浴池尺寸大小的影响。若太小，奶牛就会尝试跨跃过去或避开蹄浴池，这样就导致四蹄不能都接触到蹄浴液。最理想的状态是，通过蹄浴池时奶牛四蹄都至少浸泡过一次蹄浴液，最好浸泡 2 次。通过观察，如果长度为 1.8 米，奶牛四蹄通常只在蹄浴池中浸泡 1 次，而当长度增加到 3 ～ 3.7 米时，则浸泡次数可增加至少 2 次；参阅表 2。

表 5-2　蹄浴池长度与牛后蹄蹄浴次数关系

蹄浴池长度	1.8 米	2.4 米	3.0 米
后蹄蹄浴二次概率	53%	84%	96%
后蹄蹄浴三次距离	3.7 ～ 4.0 米		

放牧奶牛群体地表通道正常宽度约为 30.5 厘米，因此，蹄浴池

宽度可以设计为 46 ～ 61 厘米。如果蹄浴池宽度没有达到或超过地表通道宽度，那么牛蹄就会踏在蹄浴池外面两侧以躲避蹄浴。为避免发生这种情况，可在蹄浴池两侧加置侧墙。较窄蹄浴池可以减少蹄浴液需要量而降低成本。

不管蹄浴池在何处安置，其深度范围应为 10 ～ 20 厘米。蹄浴池越深，则需要灌注越多蹄浴液。由于大多数蹄部病变出现在趾间隙附近、趾间隙内或蹄踵上，10 厘米深的蹄浴液足可以浸泡到。不过，蹄皮炎（DD）病灶通常接近悬蹄，所以蹄浴液深度应超过 10 厘米。

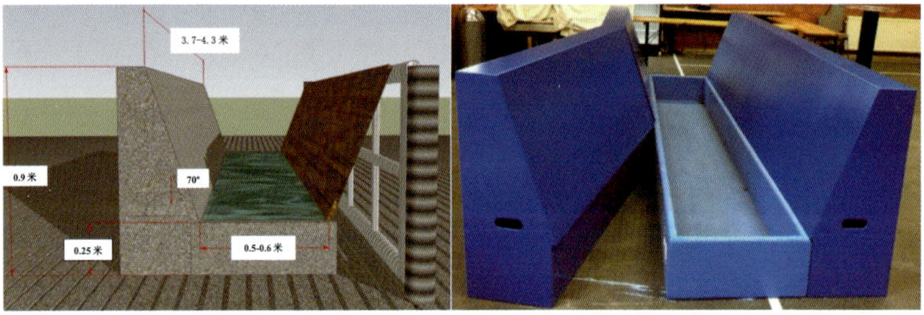

图 5-6　左分图示美国奶牛 / 肉牛临床兽医师协会 2020 版蹄浴池推荐尺寸；右分图示拼装式蹄浴池。

如果奶牛群体不大，蹄浴池采用下窄上宽，两侧壁倾斜蹄浴池宽度可以选 0.6 米，藉以减少蹄浴液用量；侧壁倾斜 70°，一侧设置成活动的；侧壁需高于蹄浴池底 90 厘米，因侧壁可屏蔽奶牛视野从而促使奶牛群体顺利匀速通过蹄浴池，减少返回通道奶牛群体堵塞。

6.如何正确管理蹄浴池?

1）可否对奶牛群体做分群蹄浴?

蹄浴治疗蹄传染性皮肤病，成本昂贵且效率低下，此缘于仅为了治疗 10% ～ 15% 确需蹄浴患牛，但却奶牛群体整群 100% 奶牛进行蹄浴。鉴于此，人们设想将需要蹄浴患牛单独分群进行蹄浴。理论上，这似乎可行。然而，大多数奶牛场却难以实施。这是因为总是难以准确鉴定出那些发病初期但又必须进行蹄浴的患牛；这些发病初期的患牛如果不能及时得到蹄浴治疗往往会更趋严重。比如蹄疣皮肤病、趾间皮炎和腐蹄病早期阶段往往难以发现，只有当病情严重而导致跛行时才会被观察到。故此，分群蹄浴，听起来不错，但现场实践中却很难执行到位。

2）为何要调整奶牛群体蹄浴顺序？

一般而言，蹄浴牛数愈多，蹄浴池污染就愈严重。因此，先行通过蹄浴池奶牛（最前面通过奶牛群体），由于蹄浴液新鲜，所以受益明显；而后来通过者，因蹄浴液已经被污染，自然效果相对就差。因而，为使所有奶牛都能接触到新鲜蹄浴液，或是改变牛群蹄浴顺序，或是定时补充新鲜蹄浴液。无论何种方式，看似增加了额外劳力成本，但是比频繁更换蹄浴液却要更便利和更省钱。这同样在实践中宛如天方夜谈，缘于调整奶牛群体各泌乳牛舍原先挤奶排列顺序非常困难。

3）什么是合理的蹄浴策略？

蹄皮炎是大多数蹄浴的主要防治对象。因此，如果能理解奶牛群体这种疾病性质和传染规律，无疑就能在宏观方面制定出合理有效正确的防治措施。比如，如果能确定刚进入泌乳期头胎牛该病的发病率最高，则可以专门针对这一奶牛群体实施蹄浴处理。假设泌乳牛群中蹄皮炎仅在头胎泌乳牛群组发生，那么就应该让头胎泌乳牛群组首先通过蹄浴池，并且每周蹄浴 4 ～ 5 次；倘如蹄皮炎发病率在泌乳牛群中其他组较低，则对这些组可以每周蹄浴1次。

4）为什么牛舍、管理和气候条件也是影响蹄浴池效果的因素？

其他导致蹄浴池污染的因素包括饲养模式（如放牧模式或舍饲模式）、管理措施和气候条件等。例如，泌乳牛群放牧条件下牛蹄一般要比舍饲饲养泌乳牛群牛蹄干净。舍饲饲养条件下，奶牛群体牛蹄上结粘粪污和泥块（这部分取决于卧床类型和卧床垫料种类）不仅造成传染性蹄病的发病率升高，同时也增加了蹄浴池中有机物残留。同样，拥挤过载牛舍也会使奶牛群体牛蹄经常浸泡在粪便污泥里，这自然不止仅仅损伤牛蹄角质，还增加了传染性牛蹄疾病的发病率。潮湿气候和泥泞环境不但会使牛蹄角质软化，也会严重污染蹄浴池。因此，奶牛场需要加强粪污管理、改善牛舍和各类通道卫生环境，藉此来降低蹄浴池污染程度并延长有效蹄浴液使用时间，进而减少蹄浴池更换或补充新鲜蹄浴液数量，同时节省蹄浴流程成本和劳力费用。

5）应该多长时间更换蹄浴液？

蹄浴时往往会碰到这个问题：即经过多少头牛蹄浴后，需要更换新鲜蹄浴液？这个问题无标准答案，简而言之，情况不同，区别对待。早期研究表明，使用药浴池容积223升，土霉素浓度含量为1克/升蹄浴液进行蹄浴，俟50头左右奶牛通过后，其pH值即发生了显著变化（pH值从3.5增加到7）。另一项关于抗生素蹄浴效果的研究亦获类似结果，与前述试验条件类同，约50头上下奶牛通过蹄浴池后，药效降低了50%。还有研究发现：蹄浴时硫酸铜会被有机物很快中和。另外，还有人建议福尔马林蹄浴时，每通过 300 ～ 800 头牛需要彻底更换一次新鲜蹄浴液。综上所述，我们应该秉持的基本底线为：不能让污染影响到蹄浴池蹄浴液的最低有效效果发挥。因而，缘于各个奶牛场情况迥异，故很难制定一个统一标准。但是，根据有限资料，福尔马林可能拮抗有机物中和效果最佳，每次更换蹄浴液后药效持续时间也最长。

6）蹄浴频率多少为宜?

这也很难给出一个标准答案。一般而言，如果治疗某种传染性蹄病，就需要近乎连续性蹄浴处理。不过，假如以预防为目的，那么每周蹄浴 1 ～ 2 次足矣。然而，也有人建议舍饲饲养奶牛群体需要连续蹄浴，而放牧饲养奶牛群体则可定期蹄浴。表 5-3 示奶牛群体肢蹄脏污评分与建议合理的蹄浴频率。

表 5-3　肢蹄脏污评分与建议合理的蹄浴频率

肢蹄卫生评分 3 分或 4 分牛头数占全群比例（%）	建议蹄浴频率
<25%	按需要，根据发病率高低而定
25% ～ 50%	2 ～ 4 次 / 周，如担心慢性蹄疾日趋严重，可增加蹄浴次数
51% ～ 75%	5 次 / 周；如传染性蹄病发病高时需每日蹄浴
>75%	每日 1 次

7）如何正确配制蹄浴液?

正确配制蹄浴液非常重要。过高药物含量将造成不必要的浪费，而且有时还会产生危害。相反，过稀药液又似乎见效甚微。因此，蹄浴操作流程的首要步骤就是正确确定蹄浴池容积，以使药物稀释恰当。确定蹄浴池容积最简单的方法是“20 升桶量法”：即用 20 升水桶向蹄浴池中添加溶液，要记住添加桶数以便计算蹄浴液深度。好在大多数蹄浴池是长方体，可以用下面的简单公式来计算其容积。长方体容积计算公式：

长（米）× 宽（米）× 深（米；所需蹄浴液实际深度）= 总容积（立方米 ×1000= 升）

计算蹄浴池容积时不可使用池子外缘数据，应该用蹄浴池内壁数据计算容积，否则，就会导致计算蹄浴池有效容积产生严重误差。要制取 5% 福尔马林蹄浴液，只需 0.05（5%）乘以总容积，即得到蹄浴液所需添加福尔马林原液量。要制取 5% 硫酸铜蹄浴液，只需 0.05（5%）乘以总容积，即得到蹄浴液所需添加硫酸铜重量（克数）。

7.目前智能化蹄浴池设计与管理进展如何?

近期，市场上出现了智能化蹄浴池系统。其优势是：减低了蹄浴管理方面的劳力成本、为接触有毒化学药剂如福尔马林等的操作员工提供了安全保障，以及能够适时自动更换蹄浴液。当然，智能化蹄浴池也有缺点：由于整体系统的复杂性以及需要经常维护和更换蹄浴液分流部件而致安装和运行成本较高。当这类智能化系统还未被充分研究开发时，人们即已意识到其在规模化奶牛场可有效防治蹄病、节约劳力和提高工作效率等潜在优势。可喜的是：翼鲲中国几年前业已自北美为我国奶牛养殖业引进首套智能化蹄浴池系统（大脚板），经全国选点初步试验，效果的确不错，参阅图 5-7。图 5-8 示北美近年来研发出的智能化蹄浴池。

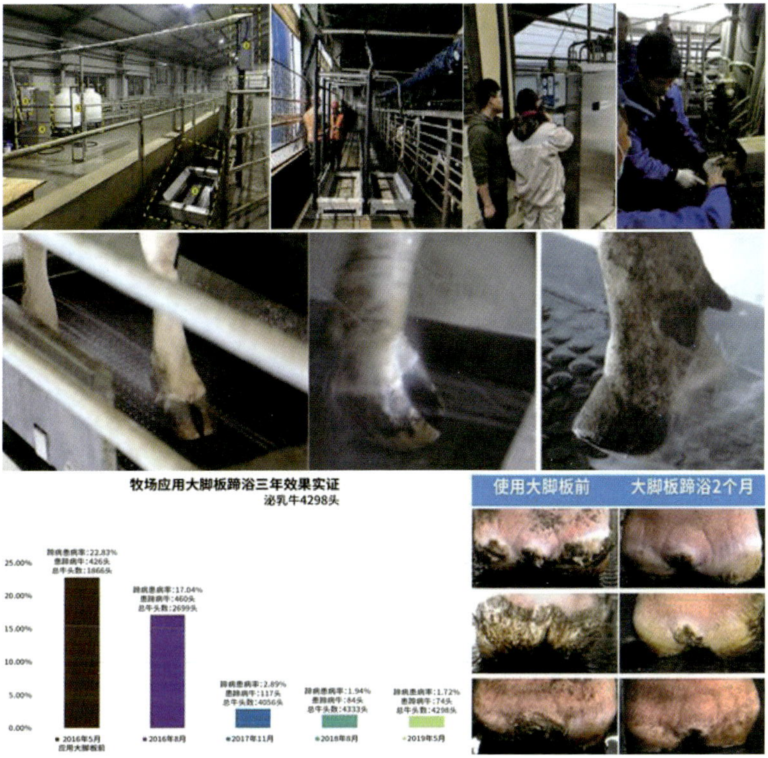

图 5-7　脚板喷淋式蹄浴系统系翼鲲中国从美国引进的目前全球最先进蹄浴系统之一，该产品曾获得美国奶业大会十大创新奖（Top 10 Innovation）。大脚板彻底改变了传统蹄浴池模式：采用全自动喷淋式蹄浴、自动稀释药液、自动定位牛蹄、自动喷射药液、无人工操作、四蹄均可受新鲜洁净药液淋浴、避免粪污污染和蹄病交叉感染、比传统蹄浴池节水 90%、符合国内规模奶牛场信息化、自动化饲养管理理念和卫生环保需求。近几年在西北、华北、东北和华南地区等地奶牛场应用，取得良好效果。左下分图示某奶牛场 2016 年 5 月开始应用大脚板喷淋式蹄浴系统至今，蹄病发病率逐年明显降低统计数据：截止 2019 年 5 月，蹄病患病率由最初 22.8% 下降至 1.7%（翼鲲中国与奶牛场一同对蹄浴效果持续跟踪，所有蹄病数据采集由翼鲲中国技术员与奶牛场当值兽医共同完成）。

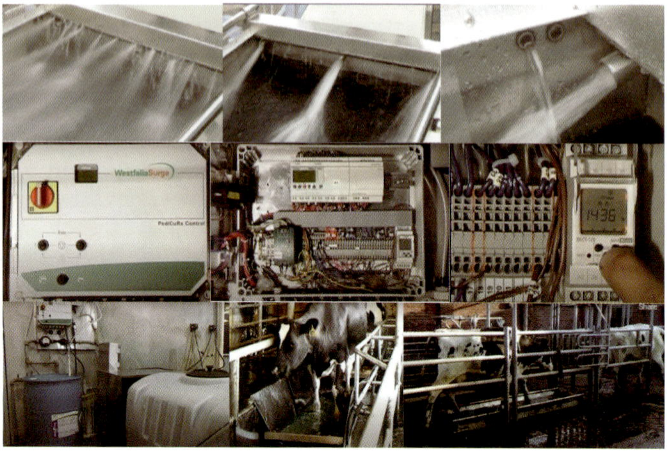

图 5-8　示北美近年来研发出的智能化蹄浴池：自动记录通过蹄浴池牛头数、自动调节清洗蹄浴池间隔频率和自动更换治疗性蹄浴液或预防性蹄浴液。

二、如何做好外用喷剂治疗?

1.如何做好患蹄病灶区域局部单独喷敷？（参阅图5-9）

另一种治疗传染性蹄病如蹄皮炎的方法是给患蹄病灶局部喷敷混合药液，成分包括土霉素（28 克土霉素 / 升蒸馏水），或者林可霉素，每只患蹄病灶喷敷药液 10 ～ 20 毫升；该喷敷法可用于蹄踵、蹄趾和任何可见感染病灶区域。第一周，连续 5 ～ 7 天，每只患蹄每天喷药 1 次。然后，对所有仍可见感染病灶区域继续用药。使用喷剂单独处理传染性蹄病个体的好处是不会像硫酸铜蹄浴那样增加粪污铜含量，并且与全群蹄浴相比显著降低了药液用量和成本；缺点是增加了劳力成本、趾间隙区域用药欠均匀，并且需要清除掉蹄部脏污杂物以便使药液确实接触到皮肤。

此外，喷药时需要有个合适地点以方便顺利喷到牛蹄患部病灶区域。看上去最方便的地方应该是挤奶厅，但在挤奶厅进行抗生素喷蹄存在污染牛奶或挤奶设备（挤奶杯内衬）的风险。即使在挤奶厅外喷药也会存在这种担心，因为总是难以避免将药物喷敷在乳头和乳房区域。

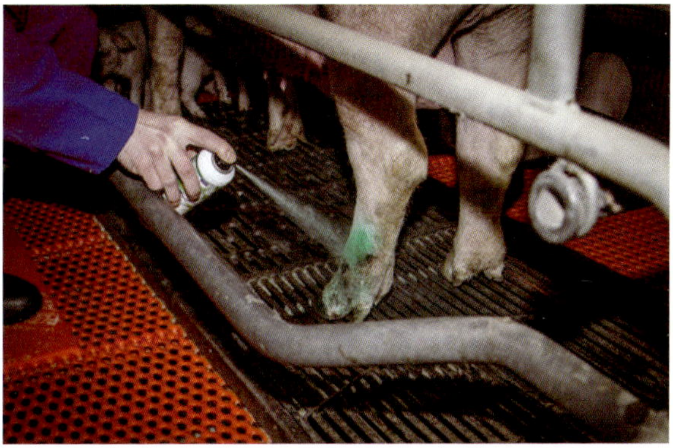

图 5-9　示在挤奶厅用治疗溶液喷敷患蹄病灶区域

2. 为何推荐使用TOP蓝护蹄液？（参阅图5-10）

考虑到抗生素对牛奶有污染风险以及硫酸铜的重金属环境污染，上海兴牧清洁用品有限公司自主研发推出一款专门的蹄病外用治疗喷敷 / 涂敷两用剂，即 TOP 蓝护蹄液，“TOP”是英文单词，意指“表面”。TOP 蓝护蹄液的主要优点如下：

1）患蹄病灶区域局部喷敷或涂敷奏效迅速，每日 1 次，连续 3 日即可见效。

2）不含抗生素，故不会造成牛奶抗生素残留。

3）较蹄浴池蹄浴流程更经济，效果更好（排除趾间皮炎）。

4）现场使用灵活方便。

5）节约投资。

6）降低环境污染。

7）正确使用则人畜安全无害。

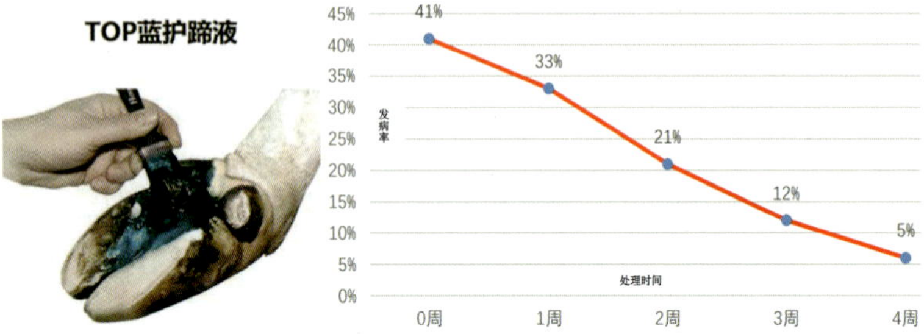

图 5-10　示上海兴牧清洁用品有限公司自主研发推出一款专门的蹄病外用治疗喷敷 / 涂敷两用剂，即 TOP 蓝护蹄液，及现场应用效果：挤奶厅患蹄病灶区域局部喷敷或涂敷个体处理，每日 1 次，连续 3 日，4 周后全群传染性蹄病的发病率由 41% 降至 5%。

三、如何做好患蹄病灶区域局部表层处理？

临床治疗蹄皮炎的方法有：手术切除、灼烙术、低温手术、局部表层施用各种化学剂（如盐酸这样的强酸或使用强碱性的腐蚀性化合物）以及涂敷大量抗菌剂。不过，其中一些方式只会带来更严重的病变，进而延缓病灶区域愈合过程。西方文献中一份最早意大利兽医治疗报告记录的处理流程为：清除蹄部病灶区域脏污后，再喷涂盐酸土霉素 + 龙胆紫复合剂。据报道，如果允许，等待数分钟左右俟病灶区域首次外用药液干燥后，紧接着再喷涂第二次，然后解除患牛保定，治愈率可高达近 90%。但是，随后的研究发现这种复合剂真正起到治疗作用的只是土霉素；采用这种治疗方案无须绷带包扎。美国也有类似疗法：由于无市售意大利兽医使用的那类盐酸土霉素 + 龙胆紫复合剂同类产品，人们便在患蹄病灶区域外敷四环素或土霉素粉剂，有时偶尔喷涂四环素注射液或土霉素注射液，同时结合宽松绷带包扎。这种处理也获得了类似欧洲疗法的治愈效果：大多数患牛如此处理 24 ～ 48 小时内跛行症状都出现了明显改善，几乎再无患牛呈现疼痛症状。迄今，该法业已施用逾 40 年，却依然是处理奶牛蹄皮炎个体病例的主要手段之一。

1.绷带包扎还是裸露不做绷带包扎?

一项近期完成的试验研究发现：四环素能有效治疗蹄皮炎，但是这个疗法并不需要实施绷带包扎。此结论基于一项 173 头患牛的研究，研究人员将患牛分成 3 组：①患蹄病灶局部外敷盐酸四环素粉剂＋绷带包扎组；②患蹄病灶局部外敷盐酸四环素膏剂＋无绷带包扎组；③非治疗对照组。处理后 8 ～ 12 天评估这些患牛蹄部病灶区域的愈合状况，结果：①外敷盐酸四环素粉剂＋绷带包扎组治愈率为 57%，②外敷盐酸四环素粉剂＋无绷带包扎组治愈率为 47%，③非治疗对照组治愈率为 0。尽管两处理组治愈率有差异，似乎患蹄病灶局部外敷盐酸四环素粉剂＋绷带包扎组的治愈率更高，但统计学分析显示两组治愈率差异并不显著。故而，这些数据表明无论绷带包扎处理还是非绷带包扎处理，均可以达到同样的治愈效果。

也许有人可能对上述试验结果感觉惊讶，其实该试验只是整合了欧洲奶牛蹄病专家经验、结合使用蹄浴和采用不同患蹄病灶局部喷敷药液等一系列研究活动结果。不过，北美的这些研究结果再次验证了欧洲蹄病专家的既往治疗经验，简括如下：

1）蹄皮炎可以通过无绷带包扎法进行治疗处理。

2）绷带包扎有可能带来麻烦，特别是包扎过紧时。

3）如果要绷带包扎，无论何时切忌包扎过紧，务必使绷带宽松，且 2 ～ 3 天后要及时卸除。

4）如果不主动及时卸除绷带，其往往会保留至 1 周或者更长时间。

5）绷带包扎开始使用后 12 个小时左右就会严重污染，并且经过 1 ～ 2 天后是否仍然保有治疗效果也令人怀疑。

6）患牛若每日还要蹄浴 1 ～ 2 次，则绷带也会很快被蹄浴液严重污染，此时原本的四环素包扎绷带，却变成了严重污染的福尔马林包扎绷带。

2.蹄皮炎患蹄病灶局部外敷抗生素治疗是否会发生药物残留?

使用抗生素处理蹄皮炎患蹄病灶区域，不管采用何种方式（患部病灶区域喷药或直接敷涂粉剂或膏剂），都会频繁遇到一个问题：牛肉和牛奶中出现药物残留的风险性有多高？ 20 世纪 90 年代早期，当时的研究人员曾全力以赴进行过这方面的探究，结果从治疗患牛牛奶在根本就未检测到任何药物残留。与此同时，其他地区乳品质量管控专家也进行过类似相关实验，依然没有发现药物残留的任何证据。还有人从 19 头蹄部病灶区域外敷四环素治疗患牛采集牛奶混合样品（混合 4 个乳区奶样），应用检测四环素灵敏度为 50ppb 的爱德士 SNAP 仪器测定，结果亦未检出任何抗生素残留。因此，依据以上实验结果可得出初步结论：患蹄病灶区域局部外敷四环素处理，无论是结合宽松绷带包扎的药液喷敷治疗，还是无绷带包扎的膏剂涂敷治疗，四环素药物残留的风险性均极低。实际上，一些认为蹄部病灶区域外敷抗生素处理造成药物残留个案中，经更进一步深入研究发现，药物残留其实缘于子宫内灌注四环素后没有严格执行停药期而致。因此，我们建议：蹄部病灶区域外敷抗生素处理可以不需要停药期。

四、小结

显然，正确蹄浴运行方式远比我们裸眼观察到的更复杂。的确，应认真理解何时何处需要采用蹄浴及其价值。基于目前所知，蹄浴是防治传染性牛蹄疾病最有效的手段，如腐蹄病、趾间皮炎和瘤状蹄皮炎。采用蹄浴时需要注意若干操作流程要领。除非一丝不苟遵循这些操作流程要领，否则就会适得其反，不仅将影响蹄浴效果，甚至还会使跛行疾病治疗趋于更复杂。患蹄病灶局部喷敷药物虽是劳力密集型工作，但却是防治蹄皮炎的一种重要手段。最后，任何患蹄病灶局部敷涂抗生素均几乎不可能产生药物残留。万一果真发现药物残留，那么对所有曾使用过抗生素的治疗方法都应进行检查。

第六章 如何正确做好修蹄工作?

虽然修蹄是防治跛行疾病的重要手段之一，但既往经验也证明修蹄亦可能成为跛行疾病的诱因之一，最常见的错误是修蹄过度。众所周知，蹄部角质蹄匣（蹄壳）的最基本功能是保护其下面的真皮组织。当蹄部角质修除过量时，蹄底就不能完全支撑奶牛体重，结果就会使真皮组织因直接裸露而受到损伤，这自然事与愿违，特别是当奶牛饲养在水泥或其他坚硬地表环境时。

粗糙地面饲养奶牛会造成薄蹄底，这当然也会使真皮存在易损伤风险。然而，如过度磨损导致真皮组织裸露，则后果更为严重，这些将随后叙述。毋庸置疑，奶牛薄蹄底是蹄部疾病中最难医治的一种。近来，国外奶牛蹄病专家首创的功能性修蹄流程和矫正性修蹄流程为维护正确蹄尖长度和蹄底厚度提供了重要指南，这两种修蹄新流程可以极大减少因修蹄不当而引起的跛行疾病。为使同道们便于理解，需首先回顾一下传统修蹄流程。

一、传统修蹄流程有哪些缺点?

奶牛传统修蹄流程基本衍生于马蹄修蹄流程。马蹄修蹄流程原则是将负重转移至蹄壁，其细节包括削浅轴侧（蹄趾内侧）蹄壁、使蹄底向内侧倾斜或使两趾近轴区蹄底具有一定凹度，以使大部分负重转移至离轴侧（外侧）蹄壁。包括本人在内，出道近 50 年对奶牛修蹄一直采用这种类似马蹄修蹄的流程方法。然而，如此操作究竟存在什么问题呢？

1.增加白线病发病率

首先，削浅轴侧蹄壁和使蹄底向轴侧内壁倾斜均为造成奶牛自然状态行走和站立时后蹄内侧蹄趾不稳的主因，修除轴侧（内侧）蹄壁只会加剧两蹄趾不稳定。其次，负重向离轴侧蹄壁转移会自然而然地增加蹄壁和白线压力及剪切力。这在理论上增加了白线分离，进而引致白线病发病率升高风险。

2.增加趾间纤维瘤发病率

其次，蹄底向轴侧倾斜可能使负重转移到蹄底溃疡常发位点，继而诱发蹄底溃疡。并且，若蹄底向轴侧倾斜，当蹄部负重时，两蹄趾会向外开张，造成趾间皮肤伸展和刺激。这在一定程度上被认为是奶牛趾间纤维瘤（鸡眼）发病率升高的诱因。

3.忽视双蹄趾间或单蹄趾内均衡负重

最后，传统修蹄流程通常很少或根本不设法尝试均衡双蹄趾之间或单蹄趾内负重。对蹄底溃疡和白线病发病机理研究明确表明，蹄趾生长过度会导致负重失衡并最终引起蹄病。因此，重建单蹄趾内和双蹄趾间的负重均衡是修蹄的重要目标之一。

二、什么是功能性修蹄流程和矫正性修蹄流程？

（也称荷兰修蹄流程，缘于由荷兰奶牛修蹄专家 E. Toussaint Rave 首先创立）

1.为什么需要功能性修蹄流程和矫正性修蹄流程?

角质正常生长速度比较慢，大约每月生长 5 ～ 7 毫米。蹄趾整体形状其实就是生长和磨损共同作用的结果。生长过度或多或少是奶牛集约化饲养环境产生的自然结果。特别是后蹄外侧蹄趾和前蹄内侧蹄趾，蹄过度生长造成的影响是蹄部负重过度和不稳定，故而需要定期修蹄和矫正。

蹄过度生长主要表现在趾尖。蹄尖壁角质坚硬，磨损速度相对较慢；而蹄踵角质则较软，加之负重较多，所以磨损速度也就较快。其结果当然就是蹄趾增长和上翘，同时蹄踵降低。严重时，后蹄前壁角度可以从 45° 降低至 35° ，甚至更小。当然，过度生长也会发生在蹄底。人类脚负重部位会长出老茧（脚掌、脚后跟或脚外侧部位）。然而，牛蹄不会生茧，取而代之的则是蹄底负重部位长出更多角质：即特别在后蹄外侧蹄趾和前蹄内侧蹄趾长出更多角质。

那些曾罹患过蹄叶炎或饲养在水泥或其他坚硬地面的奶牛，其角质生长常会加快，修蹄的目的就是要重建所有四蹄双蹄趾间和单蹄趾内的负重适当均衡。

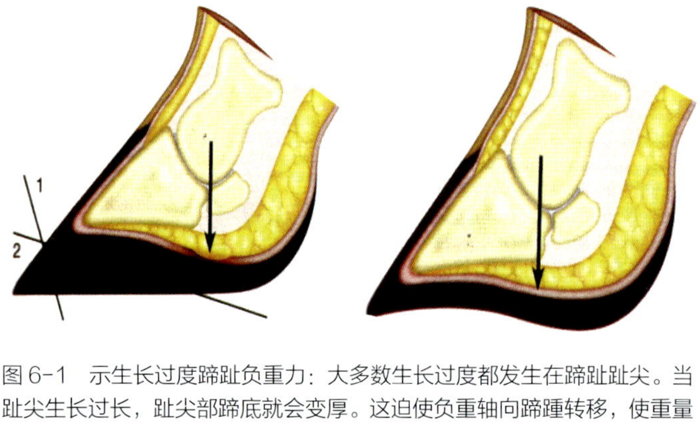

图 6-1　示生长过度蹄趾负重力：大多数生长过度都发生在蹄趾趾尖。当趾尖生长过长，趾尖部蹄底就会变厚。这迫使负重轴向蹄踵转移，使重量集中在蹄趾和蹄踵溃疡部位，如左分图。修减蹄趾蹄尖长度和削薄蹄尖部位蹄底厚度可以将负重轴前移，从而减少溃疡发生概率，如右分图。

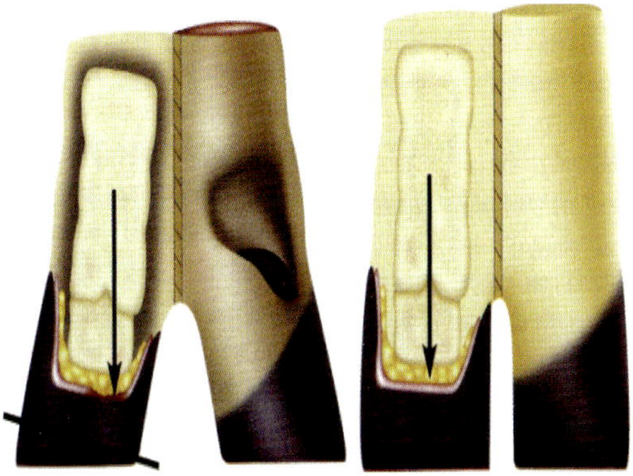

图 6-2　由于蹄壁角质比较坚硬和磨损率低，且比蹄底角质生长快（生长率高），因此自然会发生离轴侧（外侧）蹄壁过度生长。离轴侧蹄壁过度生长亦会将负重力转移到蹄底易罹患溃疡位置。离轴侧蹄壁和蹄趾蹄尖两处过度生长的作用相累加，更会增加蹄底易罹患溃疡部位的负重，从而极大增加了蹄底溃疡的发病率风险，如左分图。矫正离轴侧蹄壁过度生长可以将负重力偏离蹄底易罹患溃疡位置，如右分图。

2.什么时间进行修蹄合适呢?

每年进行 1 ～ 2 次检查和修蹄对大多数奶牛是有好处的，尤其是对蹄趾角质生长速度超过正常磨损速度牛群而言更是如此。那些呈现螺旋状趾和罹患过蹄叶炎的奶牛尤易发生角质生长过快状况，这种情况下一年修蹄需超过 2 次也是有益的。虽然许多修蹄只在干奶初始进行，但鉴于饲喂状况、饲养环境和蹄叶炎等对蹄过度生长的影响，亦应该在泌乳中期进行修蹄，或至少评估是否需要修蹄。总体而言，最好一年实施 2 次，每次间隔大约 6 个月。泌乳期内修蹄必须谨慎进行，避免因修蹄过度而致跛行。然而，若只在干奶初始修蹄则会遗漏相当数量在这之前需要修蹄的患牛。根据饲养和憩息环境，以及蹄叶炎发病率等因素，可以基本确定蹄趾角质过度生长和蹄趾疾病诸多问题，依此评估是否只需在干奶初期进行修蹄。

另一方面，修蹄还要根据具体情况来确定如何进行；若角质磨损率超过角质生长率时，修蹄效果反而会适得其反。因此，并没有一个通用的修蹄标准。在一些地区和奶牛场，存在角质磨损率超过了生长率的情形；此时如强行积极（经常性）修蹄非但不可能改善牛蹄健康，反而可能会带来如薄蹄底等更严重的问题。奶牛蹄匣表面角质最坚硬，一旦被削除，蹄部只会剩下柔软的、不成熟的角质，在大多数地面环境行走，其磨损都会显著增加。

三、如何正确修蹄？

修蹄是一项重要的蹄部保健管理措施，但很多人误认为只不过是一项相当简单的工作。倘如目的仅是为了去除蹄角质，这的确易如反掌。但是，如果修蹄旨在解决那些引起负重改变的生长过度问题和恢复蹄正常功能时，这项工作实际并不轻松。修蹄是一项专门技术，术者需要了解正常牛蹄解剖结构和功能，并且只能通过反复实践才能熟练掌握。

荷兰修蹄流程通常将修蹄分为 3 个步骤，当遇到蹄部病变时，再额外增加 2 个矫正性步骤；其目的旨在重建所有四蹄双蹄趾间和单蹄趾内稳定和均衡的负重面，藉以在坚实地面环境能够支撑奶牛体重并行走自如和安全。

为特别强调蹄踵和负重表面均衡的重要性，以下分 4 个步骤（非 3 个步骤）来介绍该修蹄流程。根据既往培训经验，采用 3 步法时，许多初学者往往总是将内侧蹄踵修削过度。鉴此，可将均衡蹄踵负重作为单独一步。这样，初学者就更易正确掌握如何构建均衡负重面，从而减少了过度修削蹄踵的可能性（特别是内侧蹄踵）。当实践更多、技术更加熟练时，可再转回为 3 步。以下将简述功能性修蹄的 4 步流程和矫正性修蹄的 2 步流程。

四、如何做好功能性修蹄流程（改进后的 4 步法流程）?

预防性修蹄目的：

1. 矫正蹄趾生长过度，避免负重过度；如前所述，蹄趾生长过度主要发生在后蹄外侧蹄趾和前蹄内侧蹄趾。

2. 修复单蹄趾内负重面并均衡双蹄趾间负重。

3. 矫正早期蹄趾病变。

第一步，参阅图6-3：

观察奶牛个体大小以确定其体型属于偏小、平均还是偏大；然后，确定蹄趾长度。由于后蹄内侧蹄趾多代表正常蹄趾，故就以其为基准，以处理异常外侧蹄趾（一般为生长过度）。内侧蹄趾前壁（蹄背）长度不可少于 7.6 厘米（从蹄背大约纵中线处蹄冠起始到蹄趾尖止）。7.6 厘米被视为荷斯坦奶牛蹄前壁的常规标准长度。针对较大体格奶牛和公牛修蹄时，可以将该长度适当延长 0.3～0.6 厘米。

蹄底厚度应不小于 0.6 厘米。一般来说，如前壁长度修剪前就达到 7.6 厘米时，就应该认定蹄底厚度约为 0.6 厘米。这样，就可以跳过修蹄第 1 步，直接进行第 2 步。

然而，如果蹄趾过长，则仍应继续执行第 1 步操作：修减内侧蹄趾长度到 7.6 厘米；然后，均衡后蹄内侧蹄趾负重面（蹄底和蹄壁，不包括蹄踵）。换言之，将蹄趾和蹄壁负重面修削平整，使奶牛正常站立时，其负重面与胫骨纵轴成直角。在平坦较硬地面，这将保证奶牛自身具有均衡平整稳定的负重面。

另一种保证趾尖蹄底厚度适当的方法是当负重面白线在趾尖开始重新连接在一起时，停止削除蹄底角质。此时，趾尖垂直切头处（趾尖处蹄底）厚度为 0.6 厘米。采用蹄前壁 7.6 厘米长度原则和相关重要蹄底厚度参数，将有助于避免内侧蹄趾蹄底修削过度。

需尽可能从蹄趾中间位置开始预留出部分蹄踵。因为后蹄外侧蹄趾更容易发生损伤，所以这时通常会削低外侧蹄趾蹄踵角质从而增加内侧蹄趾蹄踵负重力，藉以减轻外侧蹄趾蹄踵负重力，故需预留出内侧蹄趾蹄踵角质以便为上述情况提前做好准备。

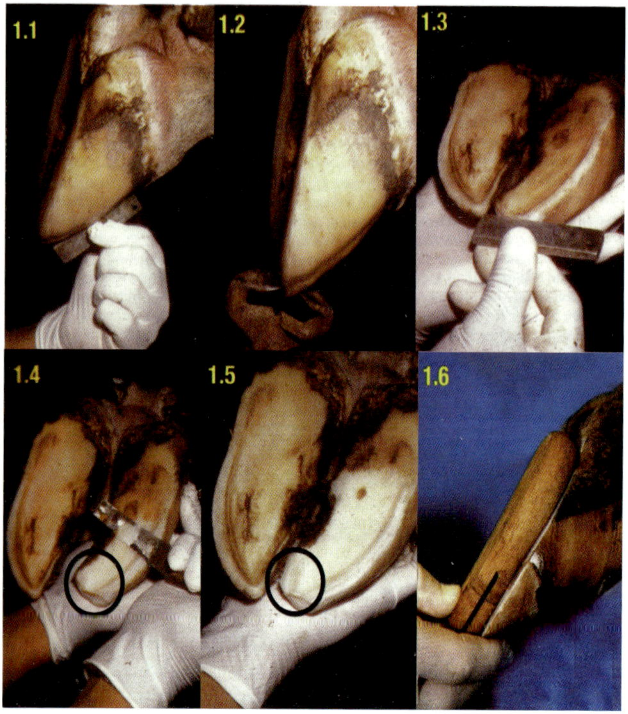

图 6-3　第 1.1 步：确定后蹄内侧蹄趾长短，7.6 厘米是荷斯坦奶牛平均长度，但还要考虑奶牛个体大小不同时的具体情况。第 1.2 步：如需要可以削短内侧蹄趾长度。第 1.3 步：将内侧蹄趾长度修至 7.6 厘米时，蹄底厚度至少为 0.64 厘米。第 1.4 步：重建后蹄内侧蹄趾负重表面（蹄底和蹄壁，但不包括蹄踵），以保证其平整和稳定，注意圆圈里白线断开没有连接上。第 1.5 步：从蹄趾中部尽可能多地预留出蹄踵部分；注意圆圈里的白线蹄尖处再度连接上。第 1.6 步：内侧蹄趾修削完成后，从蹄踵到蹄趾尖应该平整。这样就完成了第一步。

合适的蹄背壁长度（7.5 ～ 7.8 厘米）可以保证足够的蹄底厚度，特别是蹄趾尖处，该处要求蹄底厚度不小于 0.6 厘米。此处蹄底不应该给蹄趾压力。如果产生了压力，就说明蹄底修削得太薄了。薄蹄底使深层真皮更易遭受挫伤或使趾尖区域蹄底和白线更易分离；裸露真皮通常会给蹄趾带来极严重的后果。

第二步，参阅图6–4:

以修过的后蹄内侧蹄趾为基准，将后蹄外侧蹄趾修为相同长度。继而，将两蹄趾握在一起，使两蹄趾蹄前壁保持在同一平面，然后均衡外侧蹄趾和内侧蹄趾蹄底负重面，负重面应该平整，并与内侧蹄趾相等。第二步完成后，趾尖部位负重面应该是平整和均衡的。

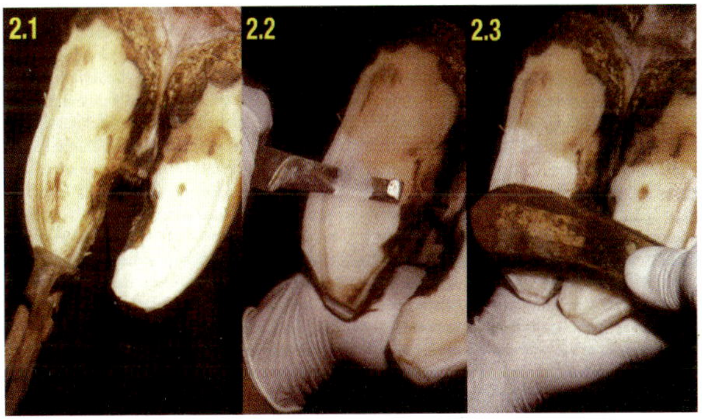

图 6–4　第 2.1 步：以后蹄内侧蹄趾为基准，将后蹄外侧蹄趾修削成相同长度。第 2.2 步：然后，将外侧蹄趾蹄底负重表面修整为与内侧蹄趾同一水准。注意，比较两只蹄趾时，应使蹄趾蹄前壁处于同一平面。第 2.3 步：同时检视 2 只蹄趾负重表面是否平整。这样就完成了第二步。

第三步,参阅图6–5：

蹄底修型和修出斜面，使蹄底内后侧部位向蹄趾中心方向倾斜。要注意避免修掉趾尖区域重要负重面。同时避免蹄底向内过度凹陷倾斜，因为这样会减少外侧蹄壁附近蹄底的负重面积，这是修蹄中最常犯的错误之一。使此区域恰当倾斜可以减少蹄底溃疡易发区域压力，并扩展蹄趾间空隙。蹄趾过度生长会封闭住趾间空隙，使得粪污积存在蹄趾之间，从而增加蹄趾间疾病的发病率。

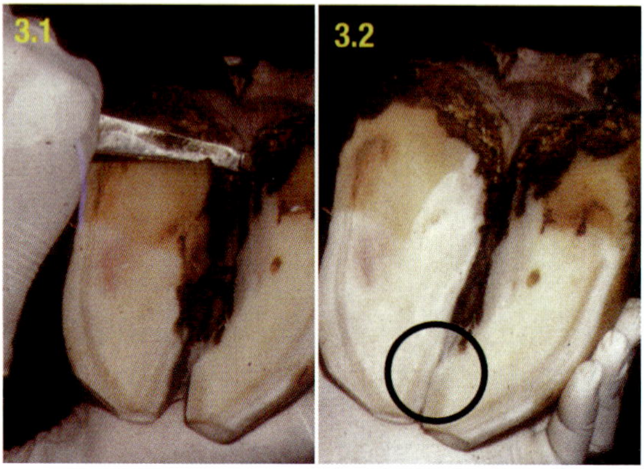

图 6-5　第 3.1 步：蹄底修型和修出斜面，使蹄底内后侧部位向蹄趾中心方向倾斜。蹄底此处恰当倾斜可以减轻蹄底溃疡易发区域压力，且有助于防止粪污积存趾间。第 3.2 步：万勿削除趾尖近轴侧重要负重面。这样就完成了第三步。

第四步，参阅图6-6：

均衡每只蹄趾蹄踵和负重面。负重面在蹄趾尖处、沿着蹄壁和横越蹄踵都应该是平整的。这可以保证体重在单蹄趾内和双蹄趾间合理分布，如无进一步矫正性修蹄需要，则功能性修蹄流程结束。

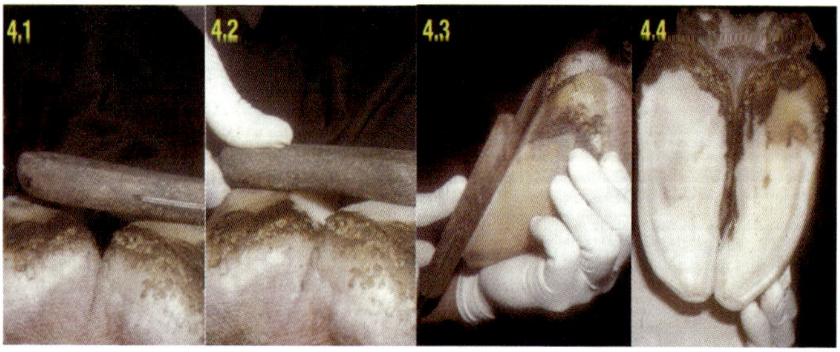

图 6-6　第 4.1 步：如图所示，将修蹄刀柄放置在蹄踵上，使刀柄与下肢纵轴成 90° 角，以此衡量蹄踵负重面是否均衡；负重面应该保持匀称：图中示例显示外侧蹄踵稍高。第 4.2 步：均衡蹄踵。第 4.3 步：检视沿蹄壁蹄底负重面。第 4.4 步：沿蹄壁和横越蹄踵负重面应该平坦。这样就完成了第四步。

五、如何正确做好矫正性修蹄流程？

矫正性修蹄流程的基本原理将在以下第五步和第六步予以简洁说明，其本质是针对蹄趾病变的治疗性步骤。

第五步，参阅图6-7：

削低患趾或损伤蹄趾蹄底，藉以转移负重至健康蹄趾。大多数情况下，患趾为后蹄外侧蹄趾和前蹄内侧蹄趾。将患趾蹄底削低，可以减缓直接负重对患趾的不利影响，从而使患趾逐渐恢复正常功能和健康。大多数情况下，需要在健康蹄趾黏附蹄垫，从而减除受损蹄趾负重。

第六步，参阅图6-7：

如发生蹄趾角质病变，则需要做进一步矫正性修蹄。不论蹄底分离有多大面积，均应剔除所有松动、坏死的（坏死和发黑）角质组织，削除坚硬突出部分（蹄踵角质糜烂部分），只留下蹄趾健康角质。

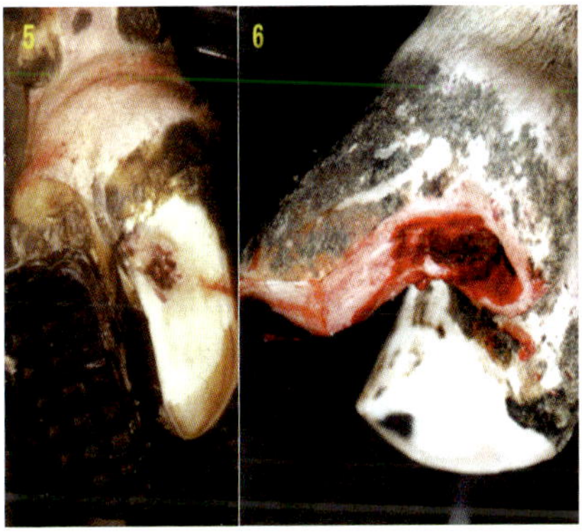

图6-7　左分图示第五步：健康蹄趾黏附蹄垫可以减轻患趾负重，使其得以休息并加速痊愈。这样就完成了第五步。右分图示第六步：蹄底溃疡时，如何针对性进行治疗性修蹄？应剔除所有松动受伤角质，同时切勿伤及真皮，还应将受损蹄趾向着蹄踵削低，藉以增加健康蹄趾负重。这样就完成了第六步。

六、额外增加的矫正性修蹄流程有哪些步骤?

如果蹄趾只是单纯损伤或病变，大多数均可痊愈，预后良好。然而，一旦并发感染并侵入深层组织结构，问题就会变得相当严重，此时即使给予抗生素亦往往难以奏效。藉助及时进行正确矫正性修蹄，可以预防这些并发症，进而彻底痊愈，同时恢复全部负重功能。额外增加的矫正性修蹄流程步骤如下：

1. 将患牛及其四肢正确恰当地保定在站立式修蹄架或翻转式修蹄台。

2. 彻底清洗整只蹄，包括趾间隙，以方便检查。

3. 修蹄刀具必须锋利，这是矫正性修蹄的必要条件。剔除松动角质，特别是临近真皮部分，刀具若不锋利则难以安全顺利完成。用钝刀刃时，操作人员必须使出吃奶劲削切，这易使刀具走偏滑切到健康组织、伤及真皮和造成大出血，使得做进一步矫正性修蹄趋于复杂化；再有，真皮和相关软组织过度损伤也会延缓愈合。

4. 矫正性修蹄流程总是在功能性修蹄流程完成之后。功能性修蹄流程旨在均衡单蹄趾内或双蹄趾间负重，在此流程中较易发现蹄趾病变。如无法确定蹄趾角质病变位点，则可以用蹄病检测器查找痛点来确定。该检测器主要是通过对疑似蹄趾病变位点施以压力观察患牛反应从而确定病变位点，参阅图 6-8。

图 6-8　示用蹄检测器来探查蹄趾内敏感或病痛区域，并施以压力观察患牛反应，就可以发现需要进一步检查的确切区域。

5. 要将疏松和损伤的角质剔掉，同时切勿损伤正常深层软组织，特别是不能损伤真皮，即当修蹄引起出血时应立即停止。剔除疏松角质直到真皮和角质层再次连接位置，绝对禁止在蹄底挖洞或槽，因为这只能引起粪污嵌塞而加重病情。例如，当应用矫正性修蹄流程治疗蹄底溃疡时，应剔除与白线病变处毗邻外侧蹄壁，将趾间隙位置角质修出倾斜面。

6. 调整负重以减轻损伤蹄趾疼痛和压力，藉助使用蹄垫来减轻患趾负重。将蹄垫黏附于健康蹄趾蹄底负重面，使患趾升高脱离地表；通过削低患趾蹄底和蹄踵部分角质，可以转移部分负重到健康蹄趾，从而有助患趾休息和迅速康复。

7. 矫正性修蹄流程中镇痛是非常重要的一环。奶牛跛行行为源于疼痛，而且疼痛导致产奶降低。奶牛遭受慢性病痛折磨抑或曾经历过疼痛治疗时，其疼痛阈就会降低，因而对疼痛反应会增大。蹄软组织，特别是真皮对疼痛非常敏感。因此，如需要做复杂、较长时间的矫正性修蹄手术时，应该进行术前局部麻醉。某些情况下，手术后使用药物镇痛也是非常必要的。

8. 进行矫正性修蹄时另一可采取的方法是使用保护性绷带包扎。由于绷带包扎会很快吸收粪污脏水，不能保持干净，因此治疗作用几无。绷带包扎最主要的用途是控制出血，如果需要使用绷带包扎，应定期更换，2 ～ 3 天最佳。此外，不能用易吸水材料如纱布或棉卷做绷带包扎。

总之，矫正性修蹄流程包括了这些对蹄趾角质和深层敏感组织的处理。如涉及蹄部更深层结构病变，则需要透彻掌握奶牛蹄部解剖学全面知识，并且应该与经验丰富的兽医共同商量如何合理治疗。以上步骤可参阅图 6-9。

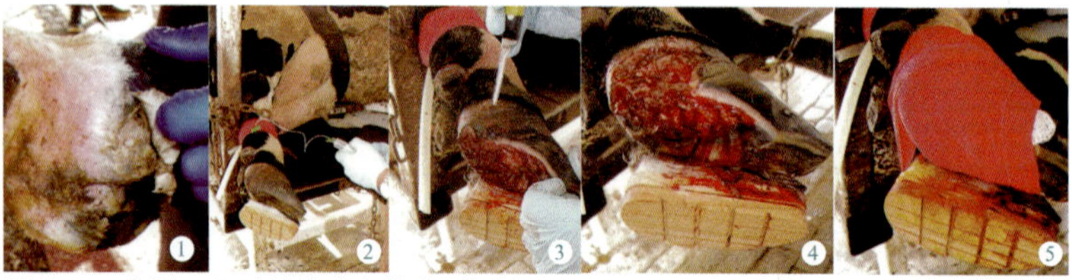

图 6-9　分图 1 示蹄溃疡或白线病引起的蹄趾损伤经常危及蹄踵角质，使其在皮肤和角质连接处变得疏松；故而，矫正性修蹄流程中剔除所有松动角质非常重要。分图 2 示蹄趾损伤严重时，需首先进行趾静脉麻醉。分图 3 示谨慎剔除松动损伤角质，；无论多大面积，剔除操作时切勿伤害到角质下面真皮。分图 4 示剔除所有松动角质后，健康蹄趾需黏附蹄垫，藉以缓解受损蹄趾负重。分图 5 示偶尔可使用绷带宽松包扎以保护深层真皮，但应几天后卸除。

七、螺旋状趾的病因是什么及如何对其做矫正性修蹄？

螺旋状趾通常见于前蹄趾和后蹄趾，但多发于后蹄外侧蹄趾。一部分归因于遗传，另外一些则与衰老和饲养条件有关。遗传因素导致第二趾骨（冠骨，P2）和第三趾骨（蹄骨，P3）排列不齐而产生一定角度；第二趾骨上下连接面形成了几乎 11° 角度误差，第三趾骨长度异常、狭窄并外沿弯曲。因此，第三趾骨底面（向地面）不平，且其外沿向下成角度。这些解剖学方面的异常情形经常导致趾尖附近远轴侧蹄底与白线衔接位置真皮承受过度压力，出现蹄底出血。缘于这种角度差，蹄底也会较薄（远轴侧蹄底与白线衔接处）。要特别留意，螺旋状趾在此区域不能过度修剪。第二趾骨和第三趾骨异常排列，以及第三趾骨弯曲导致了远轴侧蹄壁向内侧偏斜，蹄壁卷曲至蹄底，取代了蹄底部分正常负重面。因此，这种外壁偏斜卷曲使蹄趾弯曲或扭曲，呈现螺旋状。

应该正确鉴别诊断螺旋状趾与慢性蹄叶炎性蹄趾疾病。螺旋状趾的特征包括：外壁与地面不垂直，反而卷曲至蹄底，被蹄壁取代蹄底在趾间隙方向往上扭转。在此处，外侧蹄壁构成负重面的一部分，趾尖上翘扭转。另外，蹄内壁接触不到地面，向蹄背方向扭转，甚至摺叠。螺旋状趾蹄踵通常过度生长严重，几乎总是比毗邻蹄趾高，参阅图 6-10。

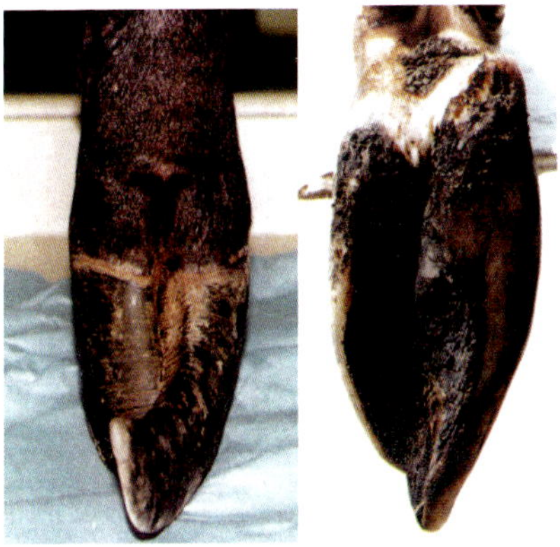

图 6-10　螺旋状趾属于遗传症，主要影响后蹄外侧蹄趾。左分图为从蹄前方角度拍摄的螺旋状趾照片；右分图为蹄趾严重过度生长和蹄趾扭转生长照片，结果是蹄壁延伸到负重面上，呈典型螺旋畸变形状。

螺旋状趾矫正性修蹄流程如下，参阅图 6-11：

1. 首先矫正螺旋状趾背侧（前侧）蹄壁，矫正过程中若有出血，则须停止。

2. 剔除蹄趾内侧蹄壁弯曲和褶皱部分。

3. 修剪蹄背蹄壁长度到 10 厘米，而不是正常蹄趾长度 7.6 厘米标准；继之按 0.6 厘米逐步修剪，直至蹄趾长度到 8.2 厘米，若发生出血则需停止修剪。

一旦完成这 3 步，就可以实施功能性修蹄流程。不过，实施功能性修蹄流程要时刻注意螺旋状趾在结构上的独特差异：修建患趾均衡只是相对另一蹄趾趾尖和蹄踵而言，应记住螺旋状趾总是较大和较厚，故修蹄底时要格外谨慎，特别关注近趾尖处外侧蹄壁附近区域。一些患牛修剪此处时，接触真皮致其出血的情况几乎不可避免；如发生这种状况，最好的方法是在对应正常健康蹄趾黏附蹄垫。最后，与正常蹄趾相比，螺旋状趾角质生长更快。因此，螺旋状趾患牛有必要进行定期检查和修剪，建议一年至少 3 次。

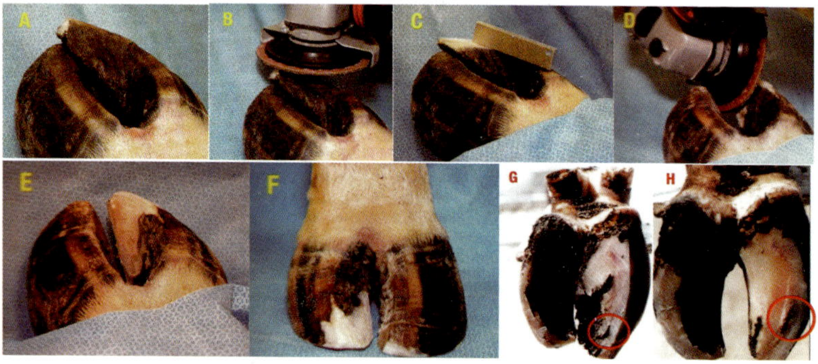

图 6-16　分图 A 示剪短螺旋状趾蹄尖长度超出部分。分图 B 示用角磨机矫正患蹄背侧（前侧）蹄壁和轴侧蹄壁弯曲部分。C 分图示蹄背蹄壁平直，但轴侧蹄壁还存在向轴侧弯曲。D 分图示用角磨机矫正轴侧蹄壁。E 分图示螺旋状趾蹄背蹄壁和轴侧壁得以矫正。F 分图示蹄壁矫正平直后，再按功能性修蹄流程进行功能性修蹄。分图 G 和分图 H 示修剪螺旋状趾蹄底时，若存在趾尖区域真皮暴露情况，则有发生并发症的潜在风险；万勿过度修剪螺旋状趾，一旦出现真皮暴露，则需要在健蹄黏附蹄垫。

第七章 如何正确评估和缓解奶牛跛行疼痛?

前言

众所周知，跛行引起奶牛疼痛和奶量下降；也是奶牛场高被动淘汰率的主因之一。据报道，美国威斯康星州和英国奶牛群体跛行平均发病率分别为33.7%和36.8%。我国目前没有完整统计数据，但有限调查发现，步态评分≥4（五分制）患牛占全群比例>10%。

我们现在熟知的“奶牛步态评分系统”，有助于早期发现跛行疾病并给予合理及时的治疗。跛行疾病早期及时镇痛有助于缓解患牛急性疼痛感觉，继之减轻其所致中枢敏化。中枢敏化（Central Sensitization）是2018年公布的生物物理学名词；意指伤害性刺激的输入增强中枢神经系统感知疼痛反应的现象和相关行为变化；通常情况下，只有强烈的、反复的、持续的伤害性刺激才能诱导产生中枢敏化。与健康奶牛相比，跛行初始与跛行28天后患牛痛觉阈值显著降低（也可以粗略理解为“虱多不痒”更形象具体），提示跛行是一种长期慢性疾病。因此，慢性跛行患牛临床镇痛难以奏效往往可追溯到中枢敏化。自然，想当然超前预防性镇痛流程也很难应用于跛行患牛。当下，采用综合措施可以正确有效缓解跛行患牛疼痛，包括采用牛蹄矫正性修整技术和健趾黏附含有镇痛药蹄垫等。

本文将简洁阐述这些新举措。

一、如何正确评估跛行患牛疼痛程度?

1. 可依据传统运动评分系统（参阅表7-1、图7-1、图7-2）

跛行奶牛为避免患肢进一步受损而产生一系列诸如点头运动、弓背或步幅改变等异常行为。尽管这种异常行为存在个体差异，但依然可以迅速识别跛行患牛。20 世纪 90 年代，西方学者总结了与跛行相关的姿势变化，构成运动评分系统大体框架。弓背经常与跛行有关，同时也是跛行经典评分系统的关键评估指标，其他可视跛行相关行为变化评分指标包括：

1）行走时呈现点头运动。

2）步幅异常。

3）四肢外展或内收，一后肢斜立。

4）步幅过大或过小，行进期间后蹄难复踏前蹄着地位置。

5）后视患牛行走可见髋关节偏离水平位置。

6）多蹄趾损伤常致患牛不愿行走。

7）行走或站立多以健肢负重。

表 7-1　奶牛跛行经典评分系统（也称奶牛步态评分系统）

跛行评分	临床描述	图片
1	正常： 正常站立和行走， 四肢自然站立。	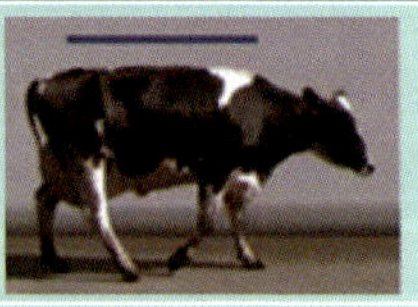
2	轻度跛行： 站立时背部正常形态， 但行走时呈拱形；步态稍有异常。	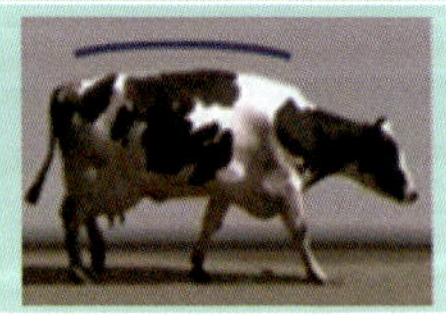

表 7-1（续）

跛行评分	临床描述	图片
3	中度跛行： 站立和行走呈拱形， 一肢或多肢步幅缩短。	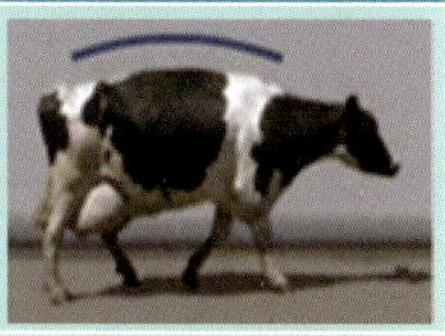
4	明显跛行： 弓背站立和行走， 偏向一肢或多肢负重。	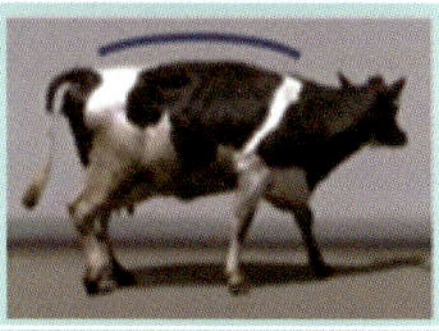
5	严重跛行： 弓背、患肢悬空， 久卧不起。	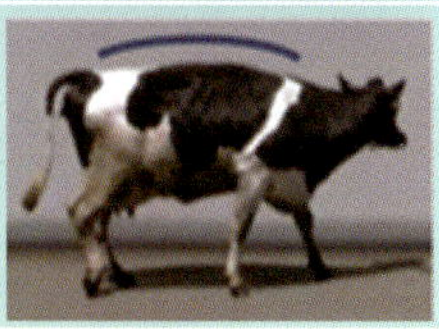

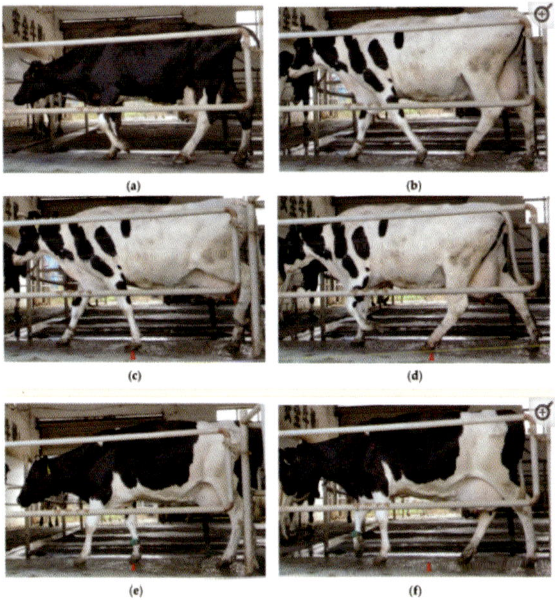

图 7-1　A 分图示跛行牛弓背；B 分图示非跛行正常步态牛无弓背现象；C 分图和 D 分图示非跛行正常步态牛总是后蹄踏在前蹄着地处；E 分图和 F 分图示跛行牛后蹄未能踏在前蹄着地处。图中红色箭头标识前蹄着地处。

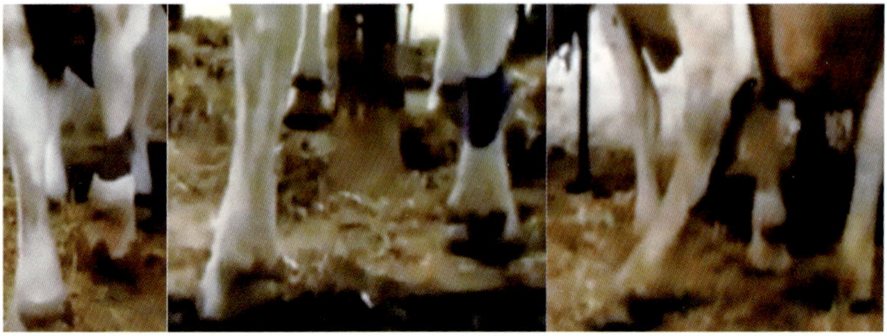

图 7-2　拴系式牛舍如何揭发跛行疾病：左分图示右后患蹄不愿着地；中分图示左后患蹄置于卧床边缘藉以减轻负重；右分图示左后患蹄不愿负重而致牛体中心偏右。

上述行为变化的严重程度可采用简单评分（二项式评分：存在或不存在）或逐级评分（基于这些行为异常中一项或多项的存在和感知严重性序数量表）评估跛行患牛。逐级评分数据应使用适当统计方法进行分析，而不应当使用连续型数据方法进行分析，如配对 t 检验。

未来，人医评估患者疼痛的视觉模拟评分法（Visual Analog Scales: VASs）由于可以产生连续型数据，因此可以取代逐级评分系统而可能被更广泛使用。故而，传统 t 检验统计分析方法适用于这些连续型数据，进而获得较为有效的数据结果。视觉模拟评分法比较灵敏，有可比性；具体做法是：在纸上面划一条 10 厘米横线，横线一端为 0，表示无痛（正常）；另一端为 10，表示剧痛（跛行）；中间部分表示不同程度疼痛。毫米刻度是用来测量从零到疼痛程度标记点数值；因此，该评价体系可提供 101 个不同疼痛强度等级，能较逐级评价体系更精准地评估止痛药物效果。但这种评估体系人医基于患者自我感觉和相应可检测体征客观变化记录，自然有其稳定性、一致性和可信性。但应用于跛行患牛则有相当局限性，同道们不妨设想：我们如何将跛行患牛的疼痛程度细分为 101 个等级？鉴于此，至少目前我们依然需要依赖五级数码化评分（Numeric Rating Score；NRS），也就是表 7-1 所描述的“奶牛跛行经典评分系统”来评估蹄趾损伤程度。

鉴于运动性评分系统属主观评判，缺乏客观性，故各评分者相互之间存在可重复性不足，自然镇痛药物审批过程难以将其作为衡量标准。鉴于通常采用奶牛跛行经典评分系统所获结果最多可达 70% 一致性，加之男性评估者往往低估奶牛跛行疼痛程度，评分较低；因此，迫切需要开发出包括使用蹄底测力板或压力垫等更客观的疼痛评估方法。

2.取代目测跛行评分系统新方案

发达国家研究人员业已研发出颈枷锁定奶牛头部跛行检测方法：是否弓背、跗关节磨损状况、四肢是否外展和四肢是否负重均衡等综合评分法，来确定是否需要修蹄；但该法评估蹄趾病变程度灵敏度不高。所以，当下尝试采用以下两种方法进行检测。

1）兽用步态分析仪

依据人医步态分析仪原理开发，初步应用效果不错。不过，目前兽用步态分析仪仅限于科研领域，尚无法在奶牛场大规模普及推广。该分析仪的工作原理是：采用力传感技术对蹄底压力分布进行检测，可测定静态蹄底压、动态蹄底压和平衡性。通过传感器对力分布情况进行可视化转换，综合分析压力映射分布，将蹄底压力分布平均值转换成图表，直观显示蹄底损伤类型与压力大小分布。根据不同区域蹄底压力大小分布，检测结果会采用不同颜色进行区分，对比健康蹄底压力分布状况可直观了解到蹄底哪一区域出现了问题。除了检测蹄底压力，兽用步态分析仪还可对被检测牛进行平衡测试，通过力量和压力中心曲线分析牛体平衡状态；在动态测试过程中，对被测牛行走时的压力中心轨迹线分布情况进行记录和数据分析对比，了解被测牛步态是否正常或异常；亦可识别前后或左右蹄趾之间的不对称和压力分布差异来评估由于跛行和步态紊乱导致的蹄底高压或低压和偏离压力中心轨迹。正常情况下蹄底压力分布比较均匀，蹄底压力不均反映了蹄趾部骨骼、肌肉、韧带和蹄底角质等出现了异常情况，蹄底压力与肌肉收缩能力、肢蹄末梢循环能力、血液循环流畅程度等关联密切。检测蹄底压力分布情况能了解蹄趾基础健康状态并且预测跛行疾病的发生风险。兽用步态分析仪每天每次使用前都要用计算机软件藉助标准质量重物进行校准，以确保每个时间点的测量结果准确无误。该系统另一优点在于视频同步记录可以确保每个时间点被测牛个体之间和被测牛四肢之间步态一致，同时将目测跛行评分（Lameness Scores：LSs）与该分析仪数据对应关联。还有，兽用步态分析仪软件亦用来确定患病蹄趾触地压力、触地面积和站立持续时间，以及牛舍各类地表对前述数值的影响。蹄趾触地面积是通过测量压力垫方框区域（内设接触负载感应元件）的面积来计算的。蹄底触地负载压强计算方法是测量压力垫方框区域负载传感元件上的力除以蹄底触地面积。图 7-3 简单概括了兽用步态分析仪组成、工作原理、如何使用、如何自动连续客观记录和分析测量参数，以及生成可视图像、曲线和表格，继之较准确评估行走地表适应舒愉性、跛行严重程度、患蹄病变性质和波及范围，以及可供治疗方案等。

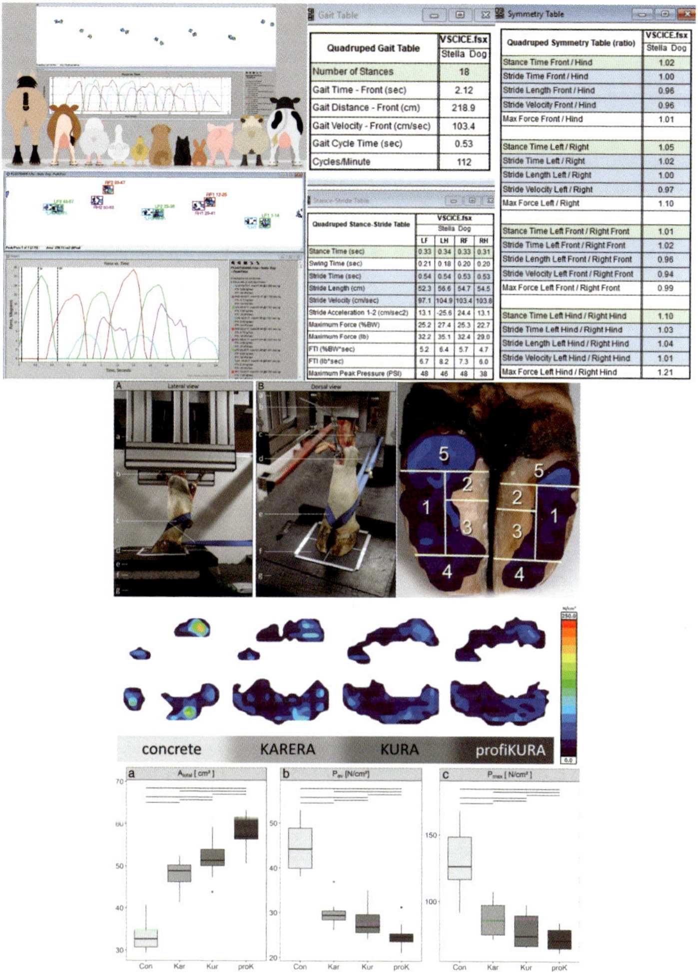

图 7-3　简单概括了兽用步态分析仪组成、工作原理、如何使用、如何自动连续客观记录和分析测量参数，以及生成可视图像、曲线和表格，继之较准确评估行走地表适应舒愉性、跛行严重程度、患蹄病变性质和波及范围，以及可供治疗方案等。

使用兽用步态分析仪研究奶牛跛行发现：跛行评分不同，蹄底接触地表面积明显不同，评分为 1 者蹄底接触地表面积远多于评分为 3 和 4 者，参阅图 7-4；此外，蹄底触地压力亦相应不同。评分为 3 者蹄底触地压力远高于评分为 1 者，参阅图 7-4。这应该容易理解，因为评分较高者蹄底接触地表面积较小，如果体重相等不变，自然单位面积压强就会升高。

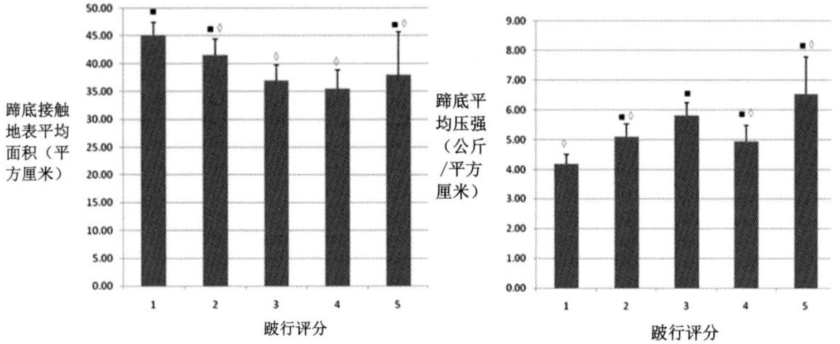

图 7-4　左分图示跛行评分与蹄底接触地表平均面积关系；右分图示跛行评分与蹄底触地平均压强关系。

2）称重平台（类似地磅）

工作原理是：牛体四肢负重重量分布可以通过使用一套 4 个不锈钢称重传感器地磅来测定。研究人员使用这种地磅首先描述了跛行患牛因疼痛而产生的四肢负重重新分配。这些传感器测定的数据表明：跛行患牛将患肢负重转移到对侧健肢承担从而避免疼痛。同时，给予非固醇类抗炎药物或局部麻醉剂等镇痛剂，可以有效减缓跛行奶牛四肢负重重量分布的急剧变化。

3.如何确定疼痛阈值?

与健康牛相比，跛行患牛由于痛觉亢进，故对疼痛更敏感。临床实践中如何确定？以前使用蹄钳夹住患蹄不同区域来粗略确定疼痛位置和严重程度（参阅图 7-5），今日现场实践依然广泛应用，但这种方法难以准确界定疼痛阈值。所以，当下则采用机械气动钝头钉（直径 2 毫米）按压在跖骨背侧并逐渐增加压力，观察患牛反应。将发生反应的压力值记录为疼痛阈值，该检测过程量化了区域敏感性和潜在疼痛。当然，该测试结果也可能与患牛其他感官知觉而非疼痛有关，但进一步实践证实这种检测方法获得的疼痛阈值远较目测运动跛行评分技术或蹄钳检测方法获得的疼痛阈值更灵敏。据报道，以该法检测到跛行患牛后立即给予酮洛芬连续 3 日，患牛疼痛阈值在 28 日内提高；然而，另一项类似研究并没有观察到因使用非固醇类抗炎药物可降低痛觉过敏现象。

图 7-5　左分图示蹄钳检查外趾：正常无疼痛；右分图示蹄钳检查内趾：蹄后缩呈现疼痛。

4.跛行疼痛对心率影响如何？（参阅图7-6）

总体而言：跛行评分低者的心率低于跛行评分高者的心率。

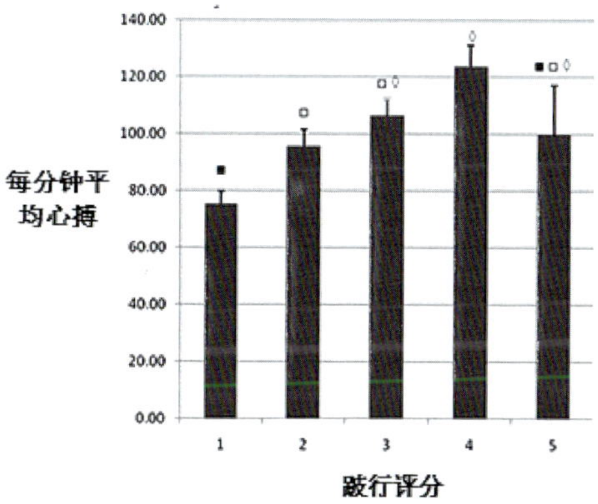

图 7-6　示跛行评分与心率关系

5.跛行疼痛对内源性皮质醇影响如何？（参阅图7-7）

不难理解：跛行评分低者的外周血清皮质醇浓度自然低于跛行评分高者的外周血清皮质醇浓度。

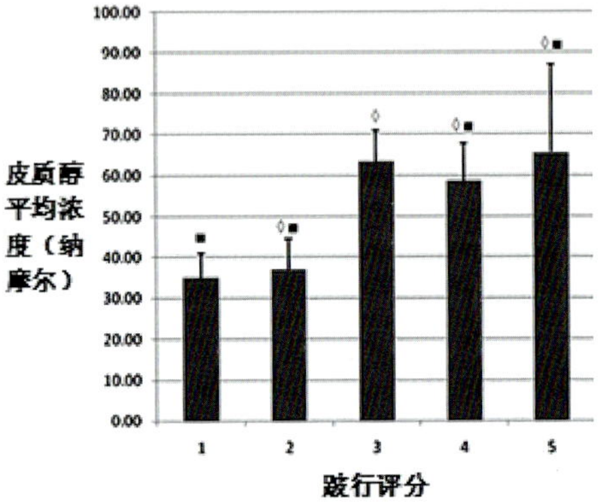

图 7-7　示跛行评分与外周血清皮质醇浓度变化关系

二、如何缓解跛行患牛疼痛？

1.可否使用矫正性修蹄技术和健趾黏附蹄垫来缓解疼痛？

大多数人认为，缓解跛行患牛疼痛需要采用抗炎疗程。然而，蹄部损伤引起的疼痛不适可通过矫正修蹄技术和在健康趾底黏附蹄垫来大幅度缓解减轻。除了采用矫正修蹄技术和减轻患蹄（双趾病变或整蹄病变）或患趾（仅单趾病变）负重外，将患牛转移到地表松软、褥草丰厚、干净、干燥区域，也能缓解跛行患牛疼痛，参阅图 7-8。

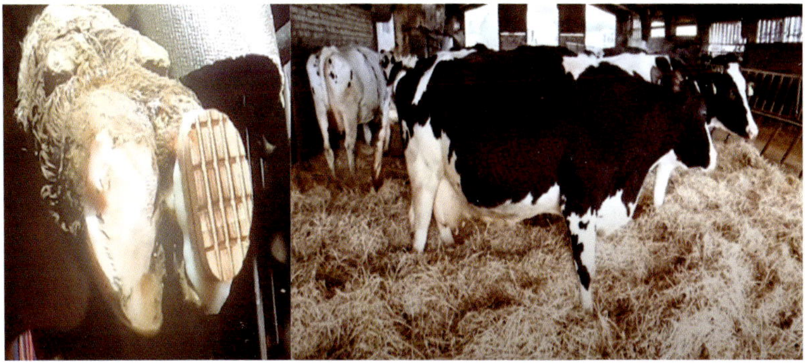

图 7-8　左分图示健趾（内趾）黏附蹄垫缓解患趾（外趾白线病）疼痛和减轻负重；右分图示将跛行患牛转移到地表松软、褥草丰厚、干净、干燥区域，也能缓解跛行患牛疼痛。

2.为何充分理解蹄部病变的发病机制有助于制定合理缓解跛行患牛疼痛的处理方案?

溃疡和白线病（参阅图 7-9）很大程度上缘于代谢紊乱和蹄部应力负荷失衡所致，造成蹄底和蹄踵真皮层损伤。应力是物理学名词，我们可以简单理解为：蹄部由于外因（负重、受力、地表松软或坚硬、潮湿滑腻或防滑干燥等变化）而暂时变形时，蹄部内各部分之间产生相互作用的内力，以抵抗这种外因作用，并试图使蹄部变形后状态恢复到变形前状态。容易引发蹄部病变的代谢紊乱包括瘤胃酸中毒、蹄叶炎和金属蛋白酶激活，以及体内某些激素变化，特别是围产期松弛素和雌激素变化。应力负荷失衡是由于蹄角过度生长所致，如同时伴发代谢性疾病，则由于过度负重而使病情更趋恶化（参阅图 7-10）。

图 7-9　左上分布图和中上分图示蹄底溃疡；其他分图示不同类型的白线病。

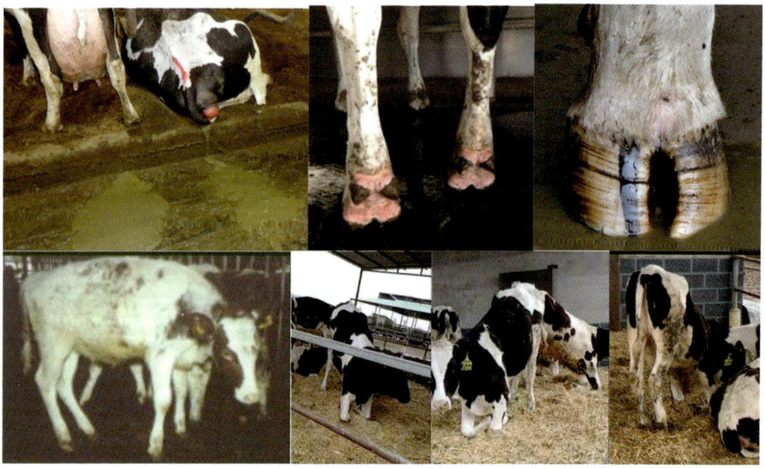

图 7-10　左上分图和中上分图示瘤胃慢性酸中毒，可见粪便稀薄、蹄部通红和站立失衡；右上分图示慢性蹄叶炎，可见蹄壁表面布满多条横向“苦难纹”；下排四分图示急性蹄叶炎，可见患牛蹄趾疼痛剧烈、不愿站立和行走，这通常缘于投喂精料过多所致。

蹄底创伤性损伤与异物（如钉子、石头或其他尖锐物体）贯透蹄底有关，是蹄底脓肿形成的常见原因。贯透深度不同，造成损伤也各不相同。例如，当异物能够贯透蹄底深达第三趾骨时，很可能进而发展为严重骨炎。当异物仅贯透真皮和蹄底较浅组织时，则预后良好。

趾和（或）蹄复杂损伤会导致深层趾部败血症，造成患牛严重跛行和极度疼痛。治疗深层趾部败血症通常选择手术和安乐死。将疼痛降至最低的关键是及早识判病情，结合考虑患牛可能预后、救治成本和疼痛缓解程度，及时采取最佳处置方案；参阅图 7-11。

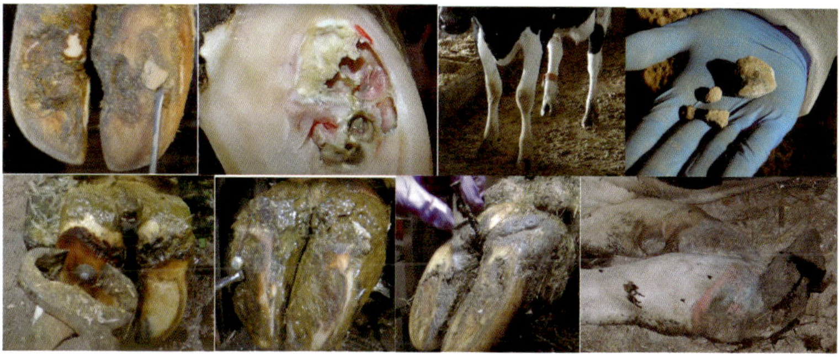

图 7-11　上排四分图示牛舍行走地表因有小石子而损伤蹄趾，致使患牛跛行、患蹄疼痛不敢着地；下排四分图除右下分图外，其余三分图均为牛舍地面遗留的钉子贯穿蹄底造成损伤；右下分图示后肢双蹄复杂损伤导致深层趾部肿胀，进而发展成严重骨炎和败血症，造成患牛严重跛行和极度疼痛而卧地不起。

3.可否采用矫正性修蹄缓解跛行患牛疼痛，促进趾部损伤恢复？

跛行患牛缘于趾部或蹄囊病变通常需做一定程度的矫正性修蹄，包括剔除所有坏死和松动受损角质，藉以创造患区有氧微环境，从而尽可能减少脓肿形成和继发并发症。实际操作过程中需格外小心谨慎，避免损伤真皮周围组织，力争损伤较小和恢复速度更快。

矫正蹄部损伤的第二步是调整患肢负重，可通过修整患趾负重面＋健趾黏附蹄垫来完成。如此处理后，患趾负重减轻，疼痛得到缓解，自然缩短愈合过程。

一般不建议患区表层敷药和绷带包扎，除非矫正性修蹄过程大量出血（应尽量避免发生）或真皮大面积暴露，此时需要绷带包扎保护这些脆弱组织。保定确实、必要时给予局部麻醉和修蹄刀具必须锋利，这些均是顺利完成矫正性修蹄流程的必要先决条件。至于矫正性修蹄流程技术细节，同道们可参阅本书中“如何正确修蹄？”章节有关内容。

4.采用下肢和蹄部麻醉可否缓解跛行患牛疼痛?

无论何时实施蹄部手术，都应使用麻醉剂。至少有 2 种方法可采用：静脉区域麻醉和环状封闭麻醉。这 2 种方法均易现场实施。除减轻患牛不适感外，麻醉还可减少矫正修剔紧邻真皮敏感组织时患蹄乱动，这自然简化了修蹄流程，从而避免病牛患蹄乱动可能导致的健康组织意外损伤。通常仅需要一条止血带、20 ～ 30 毫升 2% 利多卡因及一长 2.5 厘米 19 号蝶形输液管；最常用部位是趾内侧静脉或趾外侧静脉，其位于悬蹄或趾总静脉前约 2.5 厘米处，趾总静脉位于球节下方两趾之间中线背面。

1）如何实施蹄部静脉区域局部麻醉?

首先在球节上方 7.5 ～ 10.0 厘米处系紧止血带，继之清洁注射部位并剔除杂毛。最好准备 2 个注射部位如趾内侧静脉或趾外侧静脉，以备第一注射部位注射失败。然后取出蝶形导管，去除延长管针头护套，迅速垂直进针刺入静脉，注意针头需垂直于皮肤，切忌试图将针头平斜穿入静脉，参见图 7-12。当刺入针头时，患牛可能会抽搐或蹄趾轻微蹬踢。接下来，慢慢向外移动针头，直到血液流入导管。当出现良好血液回流时，应将利多卡因注射器连接到延长管将药液注入静脉，最好在 30 ～ 60 秒内完成，藉以避免损伤静脉；完成全部操作流程需 3 ～ 5 分钟。慢性重症炎症病例，因需更多剂量利多卡因（30 毫升），故完成全部操作流程时间会稍长些。止血带系紧时间尽量不要超过 45 分钟；止血带松开后，麻醉时长明显缩短。此时一旦从修蹄架释放患牛，其患肢就可立即行走，同时步态评分也会明显改善（即无跛行现象，假设跛行缘于蹄病），所以极易误判蹄病业已治愈，实际这只是麻醉暂时缓解了跛行患牛疼痛。故而，止血带松开后 30 ～ 60 分钟，患肢跛行又会复发。自己既往专业生涯中经历的这类教训和挫折感不甚枚举！

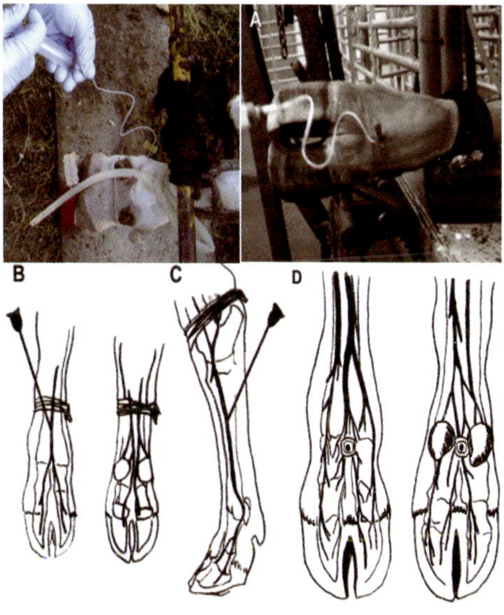

图 7-12　左上分图和右上分图示如何正确使用止血带并进针实施静脉区域局部麻醉。A 示蹄底静脉区域局部麻醉：将 20 毫升 2% 盐酸利多卡因注入止血带远端背侧趾总静脉中。B 示背侧趾总静脉 III。C 示侧隐静脉颅支。D 示轴向趾背固有静脉 III 或 IV。

2）如何实施蹄部环形封闭麻醉?

我国临床兽医常用蹄部环形封闭麻醉来缓解跛行患牛疼痛，这自然需要更多剂量2%利多卡因和更长时间完成这一麻醉流程，共有4个注射部位。首先，在球节下方趾背侧中线，将3.8厘米针头从前至后直接刺入该区域至骨质处，边退针边注入15～20毫升，确保皮下注射约2毫升。在腹侧也这样做，将3.8厘米针头刺入趾间皮肤皱褶，同样边退针边注入15～20毫升。最后2次注射部位恰好在悬蹄上方内侧和外侧：距悬蹄背侧约5.0厘米刺入皮下注射10～15毫升，从前至后做环形多点注射。蹄部环形封闭麻醉完全奏效可能比前述蹄部静脉区域局部麻醉法所需时间稍长，取决于炎症反应对患蹄疼痛区域血液供应的影响程度如何，但该流程不需要使用止血带。

5.如何正确应用矫正性修蹄技术缓解跛行患牛疼痛?

矫正性修蹄技术基本原则如下：

1）在不损害邻近健康组织的情况下剔除所有松散受损坏死角组织。

2）健趾黏附蹄垫而使患趾不再负重，从而加速患趾痊愈。

蹄部病变主要有蹄底溃疡、白线病和蹄底创伤性损伤，这些均可应用以上原则来治疗。

6.如何正确剔除松动损坏角质?

每当角质发生病变时，不管范围多大，首先应剔除所有松动角质：削除坚硬脊状突起以创造蹄底光滑表面，藉以减少角质病变中有机物质聚集，同时只保留健康蹄角质。切忌蹄底挖洞，始终斜削角质剔除病变部位；因为蹄底挖出的这些洞很快就会填满有机物，从而阻止或延迟愈合。例如：修整蹄底溃疡时，其周围毗连区域应向蹄底轴倾斜；修整白线病变时，应使病灶区域向后倾斜，并剔除所有蹄侧壁、白线和蹄底损伤部分。修蹄时应格外仔细小心，尽量不损坏新生健康角质。任何情况下应避免损伤真皮，即当修蹄导致真皮出血时应立即停止继续操作。

7.如何调整患趾负重?

趾部病变时，应酌情增加健趾负重。患趾多为后肢外趾和前肢内趾；此外，蹄角过度生长亦进一步增加患趾负重。健趾黏附蹄垫可减轻患趾负重，从而缓解疼痛，进而加速痊愈并最终恢复正常功能和健康。通常正确应用前述矫正性修蹄技术，往往能在两趾之间提供足够高度差，藉以减轻患趾负重。然而，疼痛剧烈或不可能在两趾之间产生足够高度差时，则需健趾黏附蹄垫来抬高患趾并不再着地。以下简述健趾黏附蹄垫流程细节和需注意事项。

1）健趾黏附蹄垫前，必须将健趾削平，并与对应患趾处于同一水平；该平面提供了一个垂直于患肢长轴的负重面；此时应准备好蹄垫。

2）用砂轮或砂纸型圆盘磨刀或角磨机打磨健趾，俾使蹄垫黏合剂可正确地黏附在健趾蹄壁和蹄底。

3）按制造商说明将黏合剂正确混合至适当稠度，并根据需要涂抹在蹄垫和健趾。

4）应避免蹄垫平黏附蹄底，蹄垫需与蹄踵球部后缘齐平，藉以提供足够支撑负重。

5）确保彻底清除蹄垫和蹄踵之间区域溢出的黏合剂；蹄踵角质很软，极易被完全固化的黏合剂材料坚硬、有时甚至锋利的边缘损伤。

6）通常 3 ～ 4 周后卸除蹄垫；若在此之前蹄垫磨损异常或造成任何不适则需尽快卸除。健趾黏附蹄垫后仍无法正常行走患牛需与健康牛群分离。请注意，蹄踵处蹄垫往往磨损较快。此外，随着健趾不断生长，蹄垫常常前移。因此，蹄踵处蹄垫磨损前移和健趾持续生长导致患趾趾尖向上翘曲。过度负重和蹄踵持续创伤最终可能会导致蹄底或蹄踵溃疡的严重后果。因此，建议健趾黏附蹄垫后应注意观察患牛步态，并在健趾黏附蹄垫使用后30天内重新检查蹄垫磨损状况；如蹄垫磨损较快，则检查时间更需提早。

7）卸除蹄垫后务必修整蹄部，并根据需要调整负重。虽然蹄垫是治疗趾部病变的重要辅助手段，然而，需要借助仔细观察和必要改变进行调整。健趾黏附蹄垫治疗急性趾部损伤跛行时，应于30日之后检查患蹄并卸除蹄垫，重新修整患蹄健趾和患趾，削除患趾损伤部分来调整患趾负重。

8.绷带包扎缓解跛行患牛疼痛效果究竟如何？

矫正角质损伤通常会致轻度至中度暴露真皮。真皮轻度至中度损伤并不需要治疗，也不必绷带包扎。不过，严重大面积真皮外露病变可外敷温和杀菌剂或无刺激性抗生素，并结合绷带包扎进行治疗，可获不错疗效，但需3～5天内拆除绷带；然而现场实际做法是让绷带自行脱落。既往研究和大量现场实践结果均表明绷带包扎与否对蹄趾损伤患牛的最终疗效并无明显影响。

大多数奶牛场环境绷带包扎后1天左右就会严重污染，故很难提供显著疗效。绷带包扎的第二个问题是，如果足浴，足浴1～2次后，绷带就会被足浴溶液完全浸透；而这些足浴液往往刺激性极强（如甲醛和硫酸铜），因而对原始真皮组织其实造成更严重的损伤。

相比之下，就治疗传染性趾间皮炎等蹄病而言，松散绷带包扎结合使用抗生素非常有效。通常患蹄病灶外敷土霉素后再绷带包扎，结果病灶区域康复迅速，跛行患牛治疗后24小时内表现出步态改善和疼痛缓解。因此，外敷抗生素+绷带包扎仅适用于治疗传染性趾间皮炎蹄病，但并不适用于缘于蹄趾损伤跛行疾病，因为其发病机制与代谢紊乱和物理机械损伤等诸多非感染因素密切相关。

9.是否应该局部外敷治疗蹄趾部病变?

蹄趾部病变异常疼痛，奶牛临床医生通常采用病灶区域外敷抗生素＋绷带包扎治疗。事实上，如前面所述，这样治疗往往适得其反，正确的治疗方案是矫正性修蹄流程＋健趾黏附蹄垫。

为何病灶区域外敷抗生素＋绷带包扎治疗蹄趾病变有时难以奏效？这应认真仔细分析蹄趾部病变成因。例如，蹄底溃疡缘于蹄叶炎、金属蛋白酶激活或体内某些激素变化后，引起第三趾骨蹄匣内陷而形成的病变。无论原因如何，第三趾骨内陷都会导致其正下方蹄底皮质和蹄垫受挤压，而蹄角质过度生长，尤其是后蹄外趾蹄角质过度生长更会恶化这种状态。随着时间推移，这些组织因持续损伤，最终导致蹄踵部与蹄底交界处（常为蹄底溃疡典型部位）角质形成中断。不难理解，这种中断即触发蹄底溃疡病变肇端，继之溃疡发炎扩展至足以引起疼痛和跛行。对该病理变化过程的透彻认识和理解有助于修蹄流程中及时准确评估和发现病变。简言之，蹄底溃疡缘于负重过度导致第三趾骨凹陷和蹄真皮物理创伤病理机理，其始发病因乃蹄叶炎而非病原体感染引起的病理状态。

白线病通常也会导致脓肿形成，但现场治疗白线病时罕见应用抗生素外敷，因此人们常问这是为什么？众所周知，2 类病原菌常造成奶牛发病，即厌氧菌和嗜氧菌。通常引起牛蹄趾部脓肿病变致病菌系厌氧菌；其需在与氧气完全隔绝（即无氧环境）的脓肿内生长繁衍持续破坏蹄趾组织结构。该过程中，只要保持封闭状态，则脓肿囊继续增大，自然就会造成越来越多蹄趾组织结构损伤。故而，治疗白线病或蹄底溃疡引起的脓肿时，最重要的环节是剔除所有松动受损角质，从而将缺氧微环境改变为富氧微环境，进而自动消除厌氧致病菌，并防止脓肿病变进一步发展，完美实现无抗治愈！

如认为有必要对蹄趾部病灶实施外敷抗生素＋绷带包扎时，务必采用合适绷带和无刺激性抗生素或其他温和消毒剂。总而言之，考虑蹄趾部病变治疗方案时，应遵循的基本原则是：牛蹄与人足同理，如何处理人类足趾部病变，亦应照搬如何处理牛蹄趾部病变，正所谓：己所不欲勿施于牛也！

10.跛行患牛饲养管理需注意什么？

决定跛行患牛如何做好后续护理时，主要考虑患牛病情严重程度、患牛行走能力、与修蹄架治疗区域距离，以及如果将患牛送回原圈可能出现的并发症，等等。例如，跛行泌乳患牛应重点考虑其每日必须步行往返挤奶厅距离和次数。再比如，若将患牛送回原圈，患牛能否舒愉地使用自由卧栏、能否毫无困难地躺卧和起立？能否不被群中其他牛攻击？等等。故而，跛行患牛康复期护理是否到位将会显著影响治疗效果。

如果天气允许，可将跛行患牛转移至放牧草原、运动场或褥草厚软大通铺等区域来克服自由卧栏带来的某些障碍；这是因为跛行患牛在这些区域随意躺卧和起立等自然行为不受限制。研究人员发现，将跛行患牛留置于放牧草原 4 周后，尽管躺卧休息时间较少，但步态评分却有所改善。这些研究结果表明，将跛行患牛转移到放牧草原有助于其康复，部分原因是放牧草原为跛行患牛提供了更舒适的环境，俾使其肢蹄损伤康复较快。我国许多奶牛场常将跛行患牛留置于铺垫干燥、洁净厚沙的运动场，亦获得不错效果。某些奶牛场采用大通铺系统，可明显改善奶牛群体肢蹄健康状况：采用大通铺系统奶牛群体跛行罹病率为 7.8%（运动评分≥ 3），甚至根本无跛行患牛。国外研究者曾对 12 个大通铺牛圈 147 头奶牛进行了行为学观察，包括自由走动和随意躺卧起立等。经总共 96 次连续每小时观察，发现牛群个体社交互动结果如下：追逐和推挤行为 0.94 次 / 小时、头部抵撞 1.4 次 / 小时、梳理被毛和社交舔舐等积极互动 2.3 次 / 次；奶牛群体个体的这些互动与放牧草原行为学观察结果非常相似。我国许多奶牛场也采用大通铺系统，但若管理欠佳，尽管可有效降低奶牛群体跛行罹病率，但却显著增加临床乳房炎和亚临床乳房炎的发病率，参阅图 7-13。

图 7-13　左分图示泌乳牛憩息在大通铺；右分图示大通铺管理欠佳，湿度过高、发酵不足；这样的大通铺尽管可有效降低奶牛群体跛行罹病率，但却显著增加临床乳房炎和亚临床乳房炎的发病率。

任何情况下，留置跛行患牛区域需尽可能靠近挤奶厅，藉以减少跛行患牛每天往返挤奶行走所需距离；挤奶通道地表需清洁、安稳和防止滑跌。水泥地表应有防滑纹槽或铺设橡胶地垫，这样可提高奶牛行走舒适度和着地确实。最后，宜将跛行患牛留置于设有修蹄架病圈，这有利于观察、检查、复诊和治疗跛行患牛。

三、如何应用镇痛法缓解跛行患牛疼痛？

除了借助矫正性修蹄技术和健趾黏附蹄垫来缓解跛行奶牛疼痛外，使用局部麻醉剂、非固醇类抗炎药物和镇静镇痛剂等多种方法亦可能缓解跛行患牛疼痛。目前，全球研究镇痛剂缓解跛行患牛疼痛的报道极少。业已发表的文献主要含 2 种类型研究。第一类研究主要为现场试验，采用目测运动评分检测镇痛药物缓解跛行患牛疼痛效果，参阅表 7-2。第二类研究为检测止痛药物缓解人工诱导跛行患牛疼痛效果。通过趾关节内注射两性霉素 B 诱导健康牛短暂跛行；两性霉素 B 是一种多烯类抗菌药，主要用于抗真菌；但注入关节内后，由于破坏溶酶体和释放滑膜组织内炎症介质，故可造成无菌性滑膜炎。这种跛行模型研究各类镇痛药物效果具有历史参考意义，参阅表 7-3。

跛行疼痛相关研究中，业已发现行为、生理和神经内分泌变化。一般来说，如氟尼辛葡甲胺等抗炎类药物可在人工诱导性跛行模型中显示急性镇痛作用，这表现同时改善步态评分和患蹄 / 患趾着地压力。然而，在现场试验中，抗炎类药物却产生了不同结果，运动评分和疼痛阈值仅略有改善。从人工诱导跛行模型到临床跛行病例现场试验的这种差异，可能缘于不同临床跛行病例存在临床异质性、检测镇痛剂治疗不同患牛实验敏感性，或者跛行患牛可能因疼痛引起中枢致敏，导致难以缓解跛行患牛疼痛。因此，人工诱导跛行模型与现场真实跛行病例研究均需要更多数据评估镇痛药物缓解跛行患牛疼痛效果和作用。不言而喻，评估更多其他镇痛药物和开发高灵敏度检测方法，对临床进一步有效缓解跛行患牛疼痛各类治疗方案尤为重要。

1.应用局麻药物缓解跛行患牛疼痛效果如何?

给予利多卡因局部麻醉后，跛行患牛步态评分有所改善，患肢和对侧健肢负重差异明显减少。因此，使用局部麻醉剂，如利多卡因，会显著改善步态评分并减少四肢负重失衡。

2.应用非固醇类抗炎药物缓解跛行患牛疼痛效果如何?

1）酮洛芬

非固醇类抗炎药物酮洛芬业已在多项临床试验中确证其可缓解

跛行患牛疼痛。按 3 毫克 / 公斤给药后，可轻微改善步态异常，如对称步数增加和所有四肢之间负重更均匀以及四肢负重差异减少。给药后 28 天内进行 4 次疼痛阈值测试，结果表明：虽然给药后 3 天可立即缓解跛行患牛疼痛并持续一段时间，然而每次疼痛阈值测试当天，这种疼痛缓解与对照组却无明显差异。急性跛行发作 35 天后，配合修蹄和健趾黏附蹄垫治疗方案，给予酮洛芬能明显改善步态评分；但单独使用酮洛芬作为罹患急性跛行病牛的预防性镇痛剂时，依然缺乏明显镇痛效果。

2）氟尼辛葡甲胺

人工诱导跛行试验中，静脉注射氟尼辛葡甲胺（1 毫克 / 公斤）12 小时后，与对照组相比，跛行率明显降低，并且患肢与对侧健肢蹄底接触地表面积和压力基本相同。此外，诱导试验当天和第二天，给药组患牛比对照组患牛较少躺卧休息；然而，此后就无明显差异。尽管皮质醇水平无明显差异，但与使用氟尼辛葡甲胺治疗组患牛相比，对照组患牛皮质醇浓度普遍增加。这项研究结果表明：氟尼辛葡甲胺对跛行患牛疼痛具有迅即镇痛特性。此外，跛行患牛矫正性修蹄前立即和其后 24 小时内各给予氟尼辛葡甲胺（2.2 毫克 / 公斤）1 次，发现步态评分和四肢负重分布虽无明显改善，然而，处理组患牛每日躺卧休息时间少于对照组患牛。还有，使用氟尼辛葡甲胺后，观察到类似于使用利多卡因或酮洛芬后的效果，即四肢负重分布差异轻微缩小。

3）水杨酸衍生物（水杨酸钠）

曾研究静脉注射水杨酸钠（50 毫克 / 公斤）缓解跛行患牛疼痛效果。诱导跛行时和诱导后 24 小时各给药 1 次，继之观测皮质醇浓度和兽用步态分析仪数据，包括蹄底触地压和蹄底触地表面积、站立百分比、心率、皮肤电活动和跛行评分，藉以检测镇痛效果。数据分析表明：水杨酸钠处理组患牛与对照组患牛之间无总体差异，表明水杨酸钠缓解跛行患牛疼痛无效。因此，我国奶牛临床兽医应迅即纠正既往错误做法：不再继续使用水杨酸钠缓解跛行患牛疼痛！

4）托芬那酸

尽管托芬那酸未获美国批准使用，但作为邻氨基苯甲酸类非固醇类抗炎药物，新西兰研究者曾评估了其缓解跛行患牛疼痛效果。非传染性跛行疾病患牛（即白线病和蹄底贯透伤疾病）进行矫正性修蹄；修蹄后第 1 天、第 3 天、第 8 天、第 28 天和第 100 天分别记录疼痛阈值和步态评分，处理组患牛使用托芬那酸（2 毫克 / 公斤）和（或）健趾黏附脚垫。随着时间推移，所有患牛的疼痛阈值和步态评分均有改善；然而，托芬那酸处理组患牛与对照组患牛相比，并无显著改善。这可能缘于两组患牛均进入地表松软的放牧草原，自然导致对照组患牛疼痛阈值和步态评分亦有所改善。

5）美洛昔康（美达佳）

美洛昔康也是一种非固醇类抗炎药物，虽未获得美国批准使用，但获得加拿大和欧洲批准使用。业已证明口服美洛昔康剂量按 0.5 ～ 1 毫克 / 公斤时，可以改善跛行步态评分；同时，与对照组患牛相比，远端趾间关节切除后患牛运动能力有所恢复，皮质醇水平降低。

3.应用镇静止痛药物缓解跛行患牛疼痛效果如何?

1）甲苯噻嗪

曾观察接受蹄部手术成年患牛甲苯噻嗪镇痛效果：处理组患牛注射甲苯噻嗪（0.05 毫克 / 公斤，肌注），对照组患牛注射安慰剂。

侧卧位保定后，用 2% 普鲁卡因对患肢进行区域麻醉，并开始对患蹄实施手术。与 α_2- 肾上腺素受体激动剂联合应用后，急性期心率和呼吸频率均有所下降。此外，蹄部手术初始 15 分钟内，甲苯噻嗪处理组患牛的皮质醇水平较对照组患牛明显下降；然而，后续时间未观察到差异。还有，步态和行为方面也观察到短期改善。与对照组患牛相比，甲苯噻嗪处理组患牛给药后第 1 小时内站立时间较长，步态评分改善，这表明甲苯噻嗪提供了快速镇痛作用，但给药 2 小时后这种快速镇痛作用即消失。我国临床兽医应用甲苯噻嗪时务必严格遵守注射剂量，否则极易造成死亡，我自己的专业生涯中的确经历过这种惨痛教训，至今难以忘却！

2）加巴喷丁

加巴喷丁 [1-（氨基甲基）环己烷乙酸] 是一种 γ - 氨基丁酸类似物，最初用于治疗痉挛性疾病和癫痫。研究报告称，加巴喷丁对治疗神经病理性炎症性慢性疼痛也很有效。也有报道称，加巴喷丁可与非固醇类抗炎药物协同作用，产生抗痛觉过敏效果。加巴喷丁药代动力学表明，这种化合物可能会有效缓解患牛慢性神经病理性和炎症性疼痛。一项研究中，加巴喷丁 15 毫克 / 公斤 + 美洛昔康 0.5 毫克 / 公斤联合用药，每天 1 次，连续 4 天，跛行患牛患趾负重能力明显改善。此外，与对照组患牛相比，加巴喷丁 + 美洛昔康联合给药可改善跛行患牛步幅。不过，加巴喷丁作为一种辅助疗法缓解跛行患牛疼痛疗效仍需进一步深入研究。

表 7-2　目测运动评分检测镇痛药物缓解跛行患牛疼痛效果研究文献摘要

参考文献	跛行患牛来源	研究群体	止痛方案	结果参数	改变（%）	统计学意义
Whay 等，2005	目测运动评分判定	成年奶牛	酮洛芬 3 毫克 / 公斤，连续肌注 3 日，于运动评分和疼痛阈值测试前 1 小时给药	运动评分（1 日）	−14.29	NS
				运动评分（3 日）	−20.00	NS
				运动评分（8 日）	100.00	NS
				运动评分（28 日）	50.00	NS
				疼痛阈值（1 日）	0.00	NS
				疼痛阈值（3 日）	13.64	NS
				疼痛阈值（8 日）	14.44	NS
				疼痛阈值（28 日）	15.22	NS
Rushe 等，2006	目测运动评分判定	成年奶牛	利多卡因局麻药趾内侧和外侧神经，每部位 2 毫升	运动评分	−7.75	NR
				四肢负重分布（SD）	−55.56	＜ 0.05
Flowe 等，2008	目测运动评分判定	成年奶牛	• 运动评分前 1 小时肌注酮洛芬 0.3 毫克 / 公斤 • 酮洛芬 1.5 毫克 / 公斤，于步态评分前 1 小时（肌注）或 15 分钟（静注）给药 • 酮洛芬 3.0 毫克 / 公斤，于步态评分前 1 小时（肌注）和 15 分钟（静注）给药	• 运动评分 步态异常即弓背、拖行、关节屈曲、不对称步幅、点头运动、不愿负重 • 运动评分 步态异常即弓背、拖行、关节屈曲、不对称步态、点头运动、不愿负重 • 运动评分 步态异常即弓背、拖行、关节屈曲、不对称步态、点头运动、不愿负重	−128.57 3.00 −185.71 −17.98 −357.14 149.86	NS NS NS NS ＜ 0.05 NS

表 7-2（续）

参考文献	跛行患牛来源	研究群体	止痛方案	结果参数	改变（%）	统计学意义
Laven 等，2008	目测运动评分判定＋兽医确认仅属非传染性蹄部疾病	成年奶牛	• 矫正性修蹄＋托芬那酸 2 毫克 / 公斤	• 疼痛阈值（3 日）	25.00	NS
				疼痛阈值（8 日）	0.00	NS
				疼痛阈值（28 日）	0.00	NS
				疼痛阈值（100 日）	0.00	NS
				运动评分（3 日）	20.00	NS
				运动评分（8 日）	0.00	NS
				运动评分（28 日）	0.00	NS
				运动评分（100 日）	−11.11	NS
			• 矫王性修蹄＋托芬那酸 2 毫克 / 公斤＋患蹄健趾黏附蹄垫，藉以减轻患趾负重	• 疼痛阈值（3 日）	0.00	NS
				疼痛阈值（8 日）	0.00	NS
				疼痛阈值（28 日）	0.00	NS
				疼痛阈值（100 日）	0.00	NS
				运动评分（3 日）	20.00	NS
				运动评分（8 日）	0.00	NS
				运动评分（28 日）	0.00	NS
				运动评分（100 日）	0.00	NS
Chapinal 等，2010	目测运动评分判定	成年奶牛	每日步态评分和测量四肢负重分布前 2 小时，肌注酮洛芬 3.0 毫克 / 公斤，每日 1 次，连续 2 天，	• 运动评分	NR	NS
				体重分布（SD）	18.00	＜ 0.01
				活动量（即躺卧休息百分比、躺卧次数、步频）	NR	NS

表 7-2（续）

参考文献	跛行患牛来源	研究群体	止痛方案	结果参数	改变（%）	统计学意义
Chapinal 等，2010	目测运动评分判定	成年奶牛	首日修蹄前即刻静注氟尼辛葡甲胺 2.2 毫升 / 公斤，次日步态评分和四肢负重分布测量前 2 小时再次静注氟尼辛葡甲胺 2.2 毫升 / 公斤	活动评分（VAS）（镇痛：24 小时） 活动评分（VAS）（镇痛：48 小时） 四肢负重分布（SD）（镇痛：24 小时） 四肢负重分布（SD）（镇痛：48 小时） 后肢负重比（镇痛：24 小时） 后肢负重比（镇痛：48 小时） 每日躺卧休息时间（镇痛：48 小时） 每日躺卧休息时间（24 小时术后镇痛） 步频（镇痛：48 小时） 步频（24h 术后镇痛）	1030.00 −167.28 47200.00 215.46 −166.67 1030.00 2.09 −113.69 −80.30 −140.62	NS NS ＜ 0.10 NS NS NS NS ＜ 0.10 NS NS
				心率（15 分钟） 心率（侧卧保定） 心率（术后 1 小时） 心率（术后 3 小时）	−27.91 −20.00 −2.50 3.75	＜ 0.001 ＜ 0.001 NS NS

表 7-2（续）

参考文献	跛行患牛来源	研究群体	止痛方案	结果参数	改变（%）	统计学意义
Rizk 等，2012	蹄底溃疡跛行患牛需实施蹄部外科治疗	成年奶牛	侧卧保定前 15 分钟肌注 0.05 毫克 / 公斤甲苯噻嗪，蹄部外科手术开始前 20 分钟实施局部麻醉：注射 2% 普鲁卡因 20 毫升	呼吸频率（15 分钟）	−57.45	＜ 0.01
				呼吸频率（侧卧保定）	−38.00	0.01
				呼吸频率（术后 1 小时）	−21.43	NS
				呼吸频率（术后 3 小时）	−26.53	NS
				外周血清皮质醇水平（15 分	−57.72	＜ 0.01
				钟）	4.16	NS
				外周血清皮质醇水平（侧卧	6.40	NS
				保定）	11.76	NS
				外周血清皮质醇水平（术后	−25.00	＜ 0.05
				1 小时）	−6.25	NS
				外周血清皮质醇水平（术后	−3.23	NS
				3 小时）	106.78	＜ 0.01
				运动评分（1 小时）	63.52	NS
				运动评分（2 小时）	34.45	NS
				运动评分（3 小时）		
				站立计步器（1 小时）		
				站立计步器（2 小时）		
				站立计步器（3 小时）		

百分比变化按公式 [（止痛组均值 / 对照组均值）−1] ×100 计算。结果参数除说明使用百分制视觉模拟量表（VAS）外，其他均由目测经典 5 分制运动评分评估。缩写：IM= 肌肉注射；IV= 静脉注射；N= 未报告数值；NS= 不显著；SD= 标准差。

表 7-3　止痛药物缓解人工诱导跛行患牛疼痛效果研究文献摘要

参考文献	跛行患牛来源	研究群体	止痛方案	结果参数	改变（%）	统计学意义
Kotschwar 等，2009	人工诱导：后肢外侧远端趾间关节注射两性霉素 B（20 毫克）	4～6 月龄肉牛	• 人工诱导 4 分钟后静脉注射水杨酸钠 50 毫克 / 公斤	• 外周血清皮质醇水平（AUEC）	9.35	NS
				蹄底触地表面积（平方厘米）（AUEC）	3.51	NS
				蹄底触地表压力（AUEC）	−1.17	NS
				站立持续时间（AUEC）	−0.88	NS
				心率（AUEC）	20.30	NS
				皮肤电活动（AUEC）	0.53	NS
			• 人工诱导后 4 分钟和随后 24 小时各静脉注射水杨酸钠 50 毫克 / 公斤 1 次	• 外周血清皮质醇水平（AUEC）	3.93	NS
				蹄底触地表面积（平方厘米）（AUEC）	8.67	NS
				蹄底触地表压力（AUEC）	−5.47	NS
				站立持续时间（AUEC）	4.07	NS
				心率（AUEC）	11.25	NS
				皮肤电活动（AUEC）	−1.23	NS
Schul 等，2011	人工诱导：后肢外侧远端趾间关节注射两性霉素 B（20 毫克）	成年肉牛	• 人工诱导后即刻和随后 12 小时内各静脉注射氟尼辛葡甲胺 1 毫克 / 公斤 1 次	• 外周血清皮质醇水平	NR	P=.13
				视觉跛行评分（评分 >0 概率）	−55.86	< 0.05
				躺卧休息 %（第 0 天和第 1 天）	−18.42	< 0.01
				躺卧休息 %（第 2 天和第 3 天）	−0.79	NS
				兽用步态分析仪结果		
				患肢最大负重	24.54	P=.03
				患肢平均负重	28.38	P=.05
				患肢蹄底触地表平均面积	25.42	P=.04
				患肢前冲力	51.28	P=.06
				患趾最大负重	26.27	P=.02
				患趾平均负重	48.51	P=.01
				患趾底部触地表平均面积	39.41	P=.01
				患趾前冲力	73.66	P=.03

百分比变化按公式 [（止痛组均值 / 对照组均值）−1]×100 计算。缩写：AUEC，即效果曲线下所占面积。

第八章 如何做好奶牛群体卧地不起综合征和运动系统损伤跛行疾病诊疗防工作?

第一节 如何做好代谢性疾病造成的卧地不起综合征或跛行疾病诊疗防工作?

一、卧地不起综合症如何定义?

20 世纪 60 ～ 70 年代奶牛兽医临床常将奶牛“产后卧地不起综合征”解释为“产后瘫痪”，即“产后临床低血钙症（Milk Fever）”和“产后截瘫”，即坐骨神经损伤。进入 80 年代初后，发达国家奶牛临床兽医开始经常使用“卧地不起综合征”这一口语术语，其当时的广泛含意是指患牛因不明原因无法起立和站立至少 12 ～ 24 小时。目前的定义为经产牛任何不明确实原因卧地不起超过 3 小时统称“奶牛卧地不起综合征（Downer Cow）”。“奶牛卧地不起综合征”缘于不同原发病因延宕确诊或瞎忙式无效治疗酿成，所以也称“继发性奶牛卧地不起综合征（Bovine Secondary Recumbency）”，或称“奶牛非自愿卧地不起综合征（Bovine Involuntary Recumbency）”。治疗原则应采用设法及时消除原发病因导向方式；支持疗法对改善预后具有重要意义；充分考虑患牛福利有助于提高治愈率。时刻牢记和遵循三分治疗，七分护理！什么是“爬卧牛（Creepers）”？卧地不起但能匍匐爬行，精神和饮食欲正常，这些患牛很有可能自然痊愈。“卧地不起综合征”通常发生在 5 ～ 8 岁之间高产牛，这些患牛许多具有临床低血钙症病史。美国近 25 年来对超过 3000 家奶牛场约 20 万头经产牛做的一项调研表明：“奶牛卧地不起综合征”发病率在 1.2% ～ 2.1% 之间；治愈率 33%；淘汰率 23%；死亡率 44%；58% 发生于产后第一天；24% 与难产相关。总之，“奶牛卧地不起综合征”预后较差，大部分最终会被淘汰或死亡。同时，救治期间要花费许多人力、物力和药品，每头患牛救治总成本超过 1000 美元。自己的专业生涯中救治“卧地不起综合征”患牛数百头，竟然无一例痊愈，屡战屡败，实实在在坐实了本人专业素养二把刀水平。每每望着被车拉走送往屠宰场的“卧地不起综合征”患牛，这是大多数“卧地不起综合征”患牛的最后结局，我总有一种负疚与败阵感觉：“难医卧地牛，羞愧袭心头”！对全球任何一位经验丰富的奶牛临床兽医来说，如何正确有效诊疗防“奶牛卧地不起综合征”确实令人头痛，也是对自己本身专业水准的挑战。多年各地培训讲座期间总有人会提出类似问题，有鉴于此，结合自己二把刀经年诊防疗“奶牛卧地不起综合征”饱尝败绩的体会与国外最新相关文献报道，暂借“败军之将，何以言勇？”撰写本章与同道们分享。

二、卧地不起综合征如何分类?

1. 代谢性疾病造成的卧地不起综合征或跛行疾病。

2. 运动系统损伤造成的卧地不起综合征或跛行疾病。

3. 分娩期间和分娩后感染造成的卧地不起综合征。

4. 产后初期保健和监护不当造成的卧地不起综合征。

产后期是指分娩至子宫完全复旧时间，可以分为如下 3 个阶段：

1）产后初期（产褥期）是指分娩至垂体对促性腺释放激素有反应时期，通常是产后 7 ～ 14 天。

2）产后中期是指从垂体对促性腺释放激素敏感性增加开始，一直持续到第一次排卵（14 ～ 20 天）。奶牛临床当值兽医宜熟练掌握如何准确判断和理解其重要繁殖生理学意义。

3）产后末期（排卵后时期）是指从第一次排卵到子宫复旧完成时间。

三、诊断卧地不起综合征七字歌是什么?

1.代谢性疾病造成的卧地不起综合征

蹒跚卧地钙缺乏，头颈无力是缺钾，褐尿缘于血磷差，低镁口沫傻磨牙，血酮过高神经发，瘤胃酸毒蹄难踏，精料喂多血哗啦。

2.分娩损伤造成的卧地不起综合征

闭孔损伤肢劈叉，半蹲半起坐神压，腓神麻痹蹄拖拉，球节难直胫神查，股神受损全肢麻，脱臼患臀明显塌，腓肠断裂如跳蛙，抽筋跃行髌骨卡。

3.分娩期间和分娩后感染造成的卧地不起综合征

高温昏迷败宫杀，三级乳炎卧地趴。

4.产后前期保健和监护不当造成的卧地不起综合征

10 升灌服心太大。

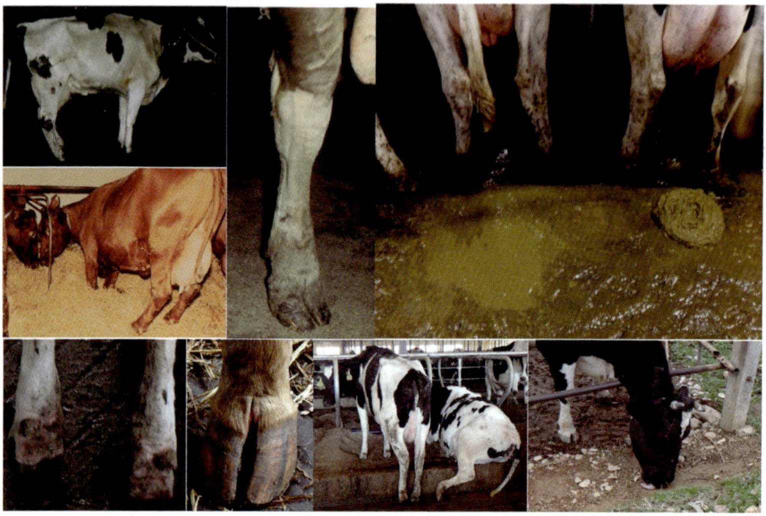

图 8-1　示瘤胃酸中毒各种临床症状表现；瘤胃酸中毒系引发急性蹄叶炎的主因。

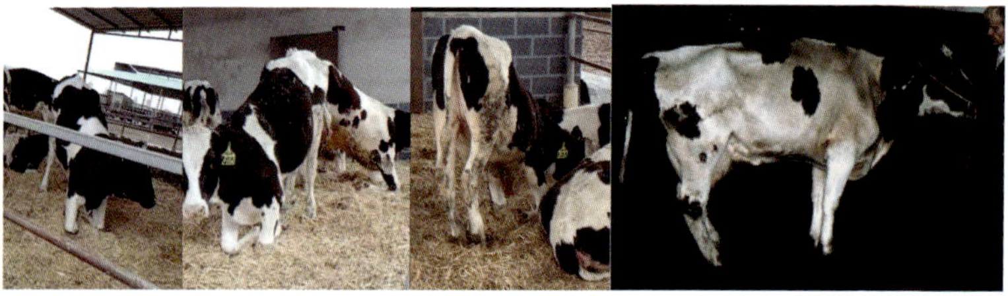

图 8-2　示典型的因投喂精料过多引发急性蹄叶炎（该奶牛场 7 月龄后备牛每日投喂 5 ~ 5.5 公斤精料，正常饲喂流程最多不可超过 3 公斤，一般控制在 1 ~ 1.5 公斤足矣）。注意患牛不愿站立；右分图示患牛拱背、双后肢前伸腹下，而双前肢拖后置于腹下。西方奶牛临床兽医通常采用如下措施处理急性蹄叶炎：①瘤胃冲洗；②口服缓泻药和抗酸药；③发病早期可给予抗组胺药；④发病 24 小时内可酌情给予皮质类固醇类药物，但超过 24 小时后则禁用；⑤建议给予非固醇类抗炎药物；⑥发病头 3 天可给予蛋氨酸 10 克 / 日，随后 10 天每日可给予 5 克蛋氨酸；⑦如果患牛采食不积极，设法从屠宰场获取新鲜牛胃液灌服患牛。具体到我国奶牛场目前状况，可灵活采取以下措施：①停喂精料；②给予优质长草；③密切注意有无脱水并及时处理；④酌情静脉注射碳酸氢钠。

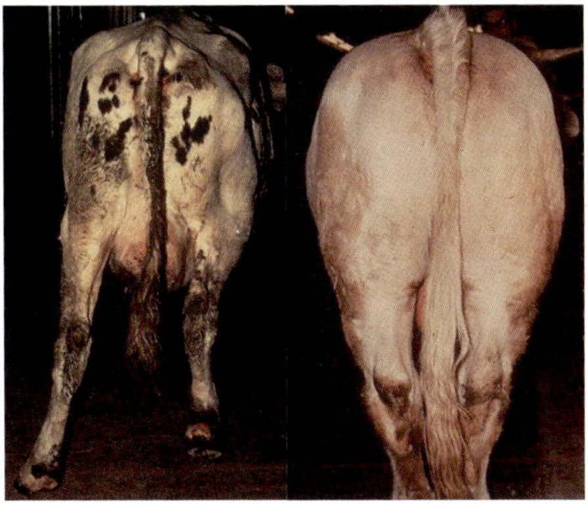

图 8-3　左分图示患牛移动左后肢时，尝试减轻外趾着地疼痛，俗称“摆肢跛行”。右分图示患牛站立或走路时双蹄并拢前行，俗称“并蹄行走”；这通常表明跛行疼痛位点位于内趾；罹患亚临床蹄叶炎病牛如涉及内趾则常表现“并蹄行走”。

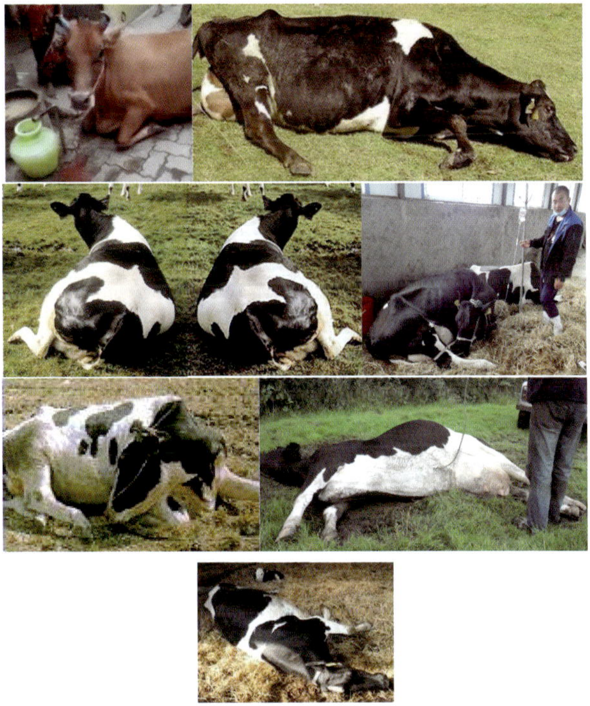

图 8-4　示临床低血钙症 2 期和 3 期临床症状表现

四、如何理解产后临床低血钙症？（参阅图 8-4）

奶牛场临床低血钙症的发病率约为 2%；每病例造成经济损失 2100 元人民币上下。正常产后牛血钙水平：8.5 毫克 /100 毫升；临床低血钙症水平：<5.5 毫克 /100 毫升；亚临床低血钙症水平：5.5 ～ 8.5 毫克 /100 毫升。产前 12 ～ 24 小时血钙最低；产后 2 ～ 3 日方可恢复正常。发病主因：血钙动态平衡严重失衡。头胎牛为何临床低血钙症仅 1%？缘于头胎牛初乳产量低、奶量低和较高甲状旁腺激素水平，结果造成产后血钙丢失少而体内钙源动员增强。临床低血钙症和亚临床低血钙风险因子：产前高钾日粮、难产、子宫脱出、胎衣不下、产后子宫炎、真胃移位和产后临床乳房炎。如何有效预防临床低血钙症和亚临床低血钙症？围产前期给予低钙日粮：10 克 /（头・日），这是推荐有效预防量；40 克 /（头・日）系正常维持量。围产前期使用低钾日粮：<0.65%（应检测干草钾含量）；避免饲喂粪污厩肥种植作物；尽量使用暖季牧草；尽量使用成熟庄稼牧草。围产前期使用低镁日粮：0.4%；围产前期使用低磷日粮：<0.3%；围产前期饲喂 DCAD-50 至～ 150 毫当量 / 公斤日粮；努力增加围产前期采食量。

五、如何预判临床低血钙症？

认真分析围产期日粮；警惕风险因子；产前 24 小时至产后 72 小时临床严密观察分娩牛表现：步态蹒跚易滑跌属临床低血钙症 1 期。亚临床低血钙症血钙水平：5.5 ～ 8.5 毫克 /100 毫升，如不及时纠正，极易继发临床低血钙症。产后 36 小时血钙 <8 毫克 /100 毫

升，极可能继发子宫炎和真胃移位。产后 36 小时血钙高于产后 12 小时血钙，说明围产期日粮靠谱。

六、临床低血钙症各期临床症状表现如何？

1.临床低血钙症第1阶段临床症状表现如何？

如何尽早诊断非常重要！此阶段患牛仍能站立和行走；然而，有时会表现出超敏和兴奋症状；也可能呈现轻微共济失调，侧腹肌和三头肌有轻微震颤，并表现出耳朵抽搐和头部摆动；患牛还有可能会显得焦躁不安，拖曳并哞叫。如第 1 阶段不及时补钙治疗，患牛可能会进展到更严重的第 2 阶段。

2.临床低血钙症第2阶段临床症状表现如何？

此阶段患牛无法站立；其尚具有足够肌肉强度来维持胸骨卧姿；患牛通常反应迟钝、厌食、口鼻干燥、体温偏低，四肢末端冰冷。听诊显示心动过速和由于心脏收缩力受损导致心音强度降低。外周脉搏微弱。因平滑肌麻痹导致胃肠蠕动迟缓，表现为：瘤胀、无粪便和肛门括约肌张力下降。无法排尿，直肠检查时膀胱膨胀。患牛经常将头弯塞腹侧。如患牛能伸展头部，由于颈部肌肉组织张力不对称，颈部可能会出现 S 形曲线（多少类似临床低血镁症）。

3.临床低血钙症第3阶段临床症状表现如何？

患牛逐渐失去知觉，陷入昏迷；无法保持胸骨卧姿，只能平躺地面；肌肉极度松弛，无痛觉反应，并且伴发严重膨胀。随着心输出量恶化，心率可能接近 120 次 / 分钟，几无外周脉搏。如果不紧急救治，数小时内即可发生死亡。

七、如何正确有效治疗1期临床低血钙症（严禁静注补钙）?

主要依赖口服补钙；口服补钙迅速吸收入血，补钙后发生高血钙症和反弹性低血钙症的风险极低。各种口服钙源的优缺点如下（参阅表8-1）：

1. 氯化钙：吸收快、致酸性强、造成pH急剧下降和液状有刺激性；可用于治疗和预防。

2. 硫酸钙：致酸性强，但可缓慢释放；可用于治疗和预防。

3. 丙酸钙：吸收快，液状无刺激性，所以可以口服；但致酸性不强，故无法动员内源性钙；因可提供能量而属产后保健液组分之一。

4. 碳酸钙、氢氧化钙和氧化钙：属非溶性钙源，不可用于口服补钙。

5. 乳酸钙：对血钙水平无影响，不可用于补钙。

口服补钙首选产品是致酸钙源（常是氯化钙或硫酸钙）丸剂（钙棒）；致酸钙源极易被机体吸收利用，并通过增强甲状旁腺激素受体反应来促进患牛自身钙稳态。标准口服补钙剂量可提供40～55克离子钙。口服补钙后30分钟内血钙浓度升高至峰值，相当于静注约4克钙（可提供体内血钙水平8.3毫克/100毫升）。标准剂量口服补钙不会引起高血钙症，亦不会导致低血钙症复发，也不会增加血糖。较高剂量可能导致非代偿代谢性酸中毒、采食量减少和低血钙症复发风险升高。口服钙丸是提供口服补钙的最安全方法；不会造成不必要的误吸和咽部刺激风险。不推荐使用口服钙糊剂、钙凝胶或钙液体制剂。口服钙丸应包括涂层，藉以减少咽喉和食道黏膜损伤，粗暴投喂会造成食道损伤甚至穿孔，最终导致死亡！非致酸钙源（通常是丙酸钙）可用于口服钙补充剂；然而并非首选。口服丙酸钙需要更高剂量的离子钙（100 克或更多），并不会增强患牛自身钙稳态机制，同时如患牛处于高血糖状态时还会不必要地增加血糖。口服丙酸钙最好产后 2 ～ 3 天以后实施。

表 8-1　反映饲喂不同致酸盐对非泌乳牛血液 pH 和尿液 pH 影响如何？

组别	血液pH	尿液pH
对照	7.38	7.09
氯化钙（$CaCl_2$）	7.34	6.47
氯化铵（NH_4Cl）	7.35	6.78
氯化镁（$MgCl_2$）	7.35	6.87
硫酸钙（$CaSO_4$）	7.36	6.78
硫酸铵（$[NH_4]_2SO_4$）	7.36	7.22
硫酸镁（$MgSO_4$）	7.37	7.41

八、如何正确有效治疗 2 期和 3 期临床低血钙症（立即静注补钙！准确计算用量）？

应预防所有患牛静注补钙后临床低血钙症复发；患牛久卧不起造成肌肉和神经损伤风险极高，因此，静注补钙必须及时。静脉补钙过量会增加临床低血钙症复发风险；努力尝试能恢复正常血钙浓度所需最低静脉补钙剂量。成年患牛标准剂量是 500 毫升 23% 葡萄糖酸钙溶液；该补钙注射剂必须含有硼酸以溶解葡萄糖酸钙并稳定溶液；因此，可能往往被标记为硼葡萄糖酸钙。这种标准治疗剂量可提供 10.7 克离子钙，即使对罹患最严重临床低血钙症体重最大病牛而言，亦足以恢复正常血钙（可提供体内血钙水平 19.1 毫克 /100 毫升）。就大多数患牛而言，较低剂量静注补钙应更理想、更安全和更经济。但是，尚未对较低有效静注补钙剂量进行充分研究。世界不同地区静脉补钙输液产品略有不同；大多数提供每剂 8 克至 12 克钙，这是合理的（可提供体内血钙水平 16 ～ 25 毫克 /100 毫升）。许多市售静注补钙产品除含钙外还包括磷、镁、葡萄糖或钾。治疗临床低血钙症并不需要额外补充其他电解质，有些可能还适得其反。单独使用葡萄糖酸钙是静注补钙治疗临床低血钙症的最佳选择。颈静脉是静注补钙首选部位；给药时应严密执行注射部位无菌操作和将针头准确刺入颈静脉血管并固定其内，这样可降低血栓形成和渗漏血管周围组织。某些躺卧患牛无法实施颈静脉补钙，可在乳前静脉补钙；然而，乳前静脉补钙易发生血栓和静脉炎。腹腔注射补钙可奏效；但是，因进针位置盲目，可能导致钙溶液滞留沉积腹膜腔外、肾周或任何腔内。腹腔注射也可能损伤内脏并引起腹膜炎。

临床低血钙症患牛静注补钙反应通常直接和有益，也是确认诊断的主要手段；开始静注补钙前采取血样是一种很好的做法；如静注补钙反应不佳，该血样可提交实验室确认真正病因；静注补钙后采集的血样不能用于诊断目的，因为钙浓度已被混淆。静注补钙奏效典型反应：心率下降和随着心脏收缩力恢复而脉搏增强；肌肉松弛麻痹逆转，导致肌肉震颤和试图站立，继之大约 75% 卧地不起患牛能够 2 小时内重新站起来。预先已发生肌肉骨骼和神经损伤是患牛成功纠正低钙血症后仍无法站立的主因。静注补钙会暂时将血钙浓度提高到正常上限的近 2 倍，这使患牛面临致命心律失常风险。因此，静注补钙时应认真听诊监测心律，同时宜缓慢注入（>10 ～ 20 分钟）。如出现严重心律失常或心动过缓，应即刻停止给药，直至心律恢复正常。由于属静脉内钙治疗，罹患内毒素病牛特别容易出现心律失常（北美奶牛临床兽医包括自己这把二把刀均有惨痛教训）。由于静注补钙引起短暂性高钙血症使患牛处于临床低血钙症反弹复发风险中，这是因为高血钙症通过抑制甲状旁腺激素释放并触发降钙素（Calcitonin：CT）分泌来停止患牛动员自身钙储机制。除非采取措施降低复发风险，否则大约 25% 到 40% 患牛静脉补钙后会再次复发卧地不起（通常静注补钙 12 ～ 24 小时内）。

预防临床低血钙症反弹复发的首选治疗方法是口服钙剂，如前所述用于治疗 1 期临床低血钙症患牛；给予口服钙丸之前，患牛应该站立、警觉并且能够吞咽。皮下注射补钙是预防临床低血钙症反弹复发的第二选择。由于原发临床低血钙症期间外周灌注不良，仅皮下注射补钙可能无法充分吸收，因此不应作为唯一治疗途径。必须严格无菌操作以防止皮下注射部位感染；含有甲醛或葡萄糖溶液不应皮下给药，因为它们具有高度刺激性。葡萄糖酸钙（500 毫升，23% 溶液，与静注补钙相同）是皮下注射补钙给药的最佳选择；葡萄糖酸钙依然具有刺激性，故应该分成小容量多点皮下注射补钙。

九、如何有效预防临床低血钙症（不可静注补钙预防）?

预防临床低血钙症的方法历来是通过干奶期饲喂低钙日粮来实现；围产前期钙负平衡会触发钙动员，并使奶牛更好应对泌乳开始时需求大量钙。不幸的是，围产前期钙摄入量必须限制在每天 <20 克才能奏效；这在正常饲喂条件下几乎不可能执行。目前通用方法是围产前期投喂酸性日粮约 3 周，这种方法会产生代偿性代谢性酸中毒，增加胃肠道钙吸收，改善甲状旁腺激素受体反应性，并从骨骼动员更多钙源。日粮阳离子 – 阴离子差（DCAD）计算公式为 [（Na + K）–（Cl+ S）] 毫当量，该计算公式可量化日粮引起酸性或碱性反应能力；饲喂 DCAD−50 至 −150 毫当量 / 公斤预防效果最佳。选择低钾或高氯饲料和添加补充阴离子（预混合盐酸或阴离子盐，如氯化钙、氯化镁、钙硫酸盐和硫酸镁）。持续优化日粮酸化

是一项挑战，因为饲草矿物质含量饲喂过程中会迅速变化。频繁监测尿液 pH 值可以调整日粮以保持最佳酸化，即平均尿液 pH 值约为 6.5。尿液 pH 值低于 5.5 表明酸化过度、代谢性酸中毒和干物质摄入受损。尿液 pH 值高于 7.5 表明代谢性碱中毒、甲状旁腺激素反应性受损以及难以有效预防临床低血钙症。饲喂酸化日粮产前奶牛，大约每周需监测 2 次尿液 pH 值；频繁测试可以迅速调整补充阴离子剂量。任何采食酸化日粮超过 24 小时奶牛都可进行尿液 pH 值测试，并且至少每群应随机测试 8 头奶牛。酸化日粮通常会减少干物质摄入量，摄入量小幅下降 <10% 是可以接受的。然而，大幅减少可能导致能量摄入不足，并增加与能量相关疾病风险，如胎盘滞留、子宫炎、脂肪肝和产后酮血症。干物质摄入量过度减少最常见原因是日粮过度酸化，这可通过尿液 pH 值监测来揭示。此时应设法减少阴离子剂量，直到干物质摄入量恢复。预防临床低钙血症的另一种方法是延迟挤奶或产犊后不完全挤奶，这是古老传统手段。这样可以保持乳房内压力，减少产奶量，并减少钙外流。然而，这种做法不切实际，因为会增加罹患乳房炎风险，以及减低初乳产量和质量。给乳房充气同样可以减少钙外流；然而，它也会增加罹患乳房炎风险。易感奶牛产犊期间口服补钙实施预防性补钙可降低临床低血钙症风险。口服补钙是优选给药途径。产前第一次口服补钙预防效果最有效。然而，这通常很难预测，产前口服补钙后应再继续口服补钙 2 次，每次间隔 12 ～ 24 小时；如何做到不迟不早准时投服确实不易。跛行和 2 胎以上经产牛产后立即口服补钙 1 次（投服 1 枚钙丸），过 12 小时再口服补钙 1 次（投服 1 枚钙丸），可有效预防临床低血钙症；性价比为 1 ∶ 1.8，即投资 1 元可回收 1.8 元，参阅表 8-2。皮下注射补钙可用于预防临床低钙血症；这种方法的缺点是注

射部位组织易遭受刺激损伤和感染风险，以及相对较短血钙支持时间。不鼓励使用静脉补钙预防低钙血症，这是因为产犊时静脉补钙会使分娩牛产后 24 小时内出现严重临床低钙血症，这种状态会一直持续到产后至少 48 小时，参阅图 8-5。维生素 D_3 及其代谢物历史上一直尝试作为预防临床低血钙症的手段之一。尽管临近分娩时使用临床有些效果，但常规使用毒性风险太大。

表 8-2　简述正确有效预防临床低血钙症简易流程（不可静注补钙预防！）

产后牛分类	口服补钙流程
普通健康产后牛	初生犊牛落地后立即投喂 1 丸
	12 ～ 15 小时后再投喂 1 丸
≥ 3 胎经产牛或先前分娩曾罹患临床低血钙症牛	初生犊牛落地后立即投喂 1 丸
	12 ～ 15 小时后再投喂 1 丸
	继之 12 ～ 15 小时后再投喂 1 丸
临床低血钙症治疗后患牛	静脉补钙后 2 ～ 3 小时投喂 1 丸
	静脉补钙后 12 ～ 15 小时再投喂 1 丸

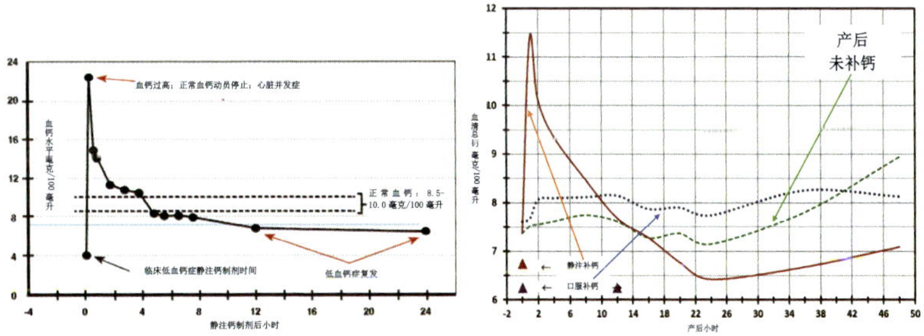

图 8-5　形象地阐释了为何静脉补钙风险性极高和临床低血钙症 / 亚临床低血钙症易反弹复发，以及不可作为预防临床低血钙症的手段。这从下分图两种补钙方式与未补钙经产牛血清总钙含量变化比较可获清晰印证：红线反映分娩期间静脉补钙 500 毫升 23% 葡萄糖酸钙（10.7 克离子钙），1 小时后血清总钙含量（远低于预期峰值钙含量），继之 10 小时后血清总钙含量降至 8 毫克 /100 毫升以下；蓝线反映口服补钙分娩期间首次给予 43 克钙丸（氯化钙 + 硫酸钙脂肪包被钙丸），随之 12 小时后再给予第二次钙丸的血清钙含量变化；绿线反映产后未补钙血清钙含量变化。

图 8-6　示我国部分奶牛场产后保健和监护流程杂乱无章、漫无头绪、滥用兽药和不计成本与疗效，将奶牛场当作奶牛兽医院运营；同时，我国奶牛场奋战一线少数临床当值兽医，相当部分诊疗防手段是："百疾俱挂瓶，懒究真病因，无效统淘汰，只求循流程！"如此制定和执行产后保健和监护流程，自然难以保证正确有效诊疗防产后临床低血钙症和其他产后疾病。

十、哪些风险因素会造成低血钾症？

奶牛正常血钾水平为 15.3 ～ 20.7 毫克 /100 毫升，如低于 2.5 毫摩尔 / 升（<9.8 毫克 /100 毫升）则称为低血钾症；奶牛产后低血钾症发病率大约为 2.5% ～ 3.0%。

血清钾离子含量变动取决于奶牛钾离子内外平衡；钾离子外平衡指的是钾离子在消化道的摄取和吸收，以及肾脏排泄。奶牛钾离子的最主要来源是粗饲料；600 公斤体重奶牛，如食欲正常，每日大概能摄取吸收 300 克钾离子，并且全部进入细胞内液。因为泌乳牛采食大量粗饲料，其摄取钾离子可能是日常需要量的 10 倍以上；因此，奶牛肾脏清除钾离子机能进化得非常发达，藉以有效迅捷清除体内多余钾离子。当食欲不振或完全废绝，由于肾脏清除钾离子机能不能及时同步快捷响应，藉以相应降低钾离子消耗，所以患牛常会呈现不同程度低血钾症。但是，并非所有低血钾症都会伴发临床肌肉微弱乏力症状。奶牛罹患其他病症，如腹泻、碱中毒和第三间隙液体丢失，均可加剧细胞内外钾离子损失。常见奶牛低血钾症风险因素如下：

1. 围产期间食欲不振，或完全废绝，只要持续超过 48 小时，极有可能引发低血钾症。

2. 为纠正酮血症，常每日肌注或静注 5 ～ 20 毫克地塞米松，藉以促进糖原异生作用；但只要连续注射 2 天以上（包括 2 天），极有可能引发低血钾症；希望同道们能知道这是为什么？

3. 治疗乳房炎时，反复向乳房内推注含有地塞米松成分乳房炎针剂，极有可能引发低血钾症。

4. 为纠正酮血症，反复静脉注射葡萄糖溶液，极有可能引发低血钾症，希望同道们能知道这是为什么？

5. 为降低肺炎炎症反应，反复给予地塞米松，极有可能引发低血钾症。

6. 为救治败血性休克危重病例，反复给予 100 毫克大剂量地塞米松，极有可能引发低血钾症。

这儿再次着重强调：反复给予地塞米松会破坏钾离子内外平衡，使血清钾含量大概能减少 70% 以上。

十一、低血钾症常有哪些临床表现？（参阅图 8-7）

据我自己多年临床体验，低血钾症最常见于新产牛，极易与产后临床低血钙症相混淆。发病初期常表现出步态蹒跚、举蹄无力、懒于行走、移动缓慢、失步摔跌、易于劈叉、不愿站立，扶起勉强站立又随之卧下，似有腹痛。随后，很快发展成如下临床症状：

1. 精神极度沉郁，全身无力，对外界刺激淡漠。

2. 全身大部分肌肉缺乏张力、尾巴无摆动，以及牵拉拽出舌头无回缩。

3. 心动过速。

4. 颈部肌肉乏力，低垂不起，这与临床低血钙症明显不同。

5. 久卧不起。

6. 胃肠弛缓，几无粪便排出。

低血钾症患牛中有 25% ～ 40% 伴发低血磷症，但其临床意义并不清楚。

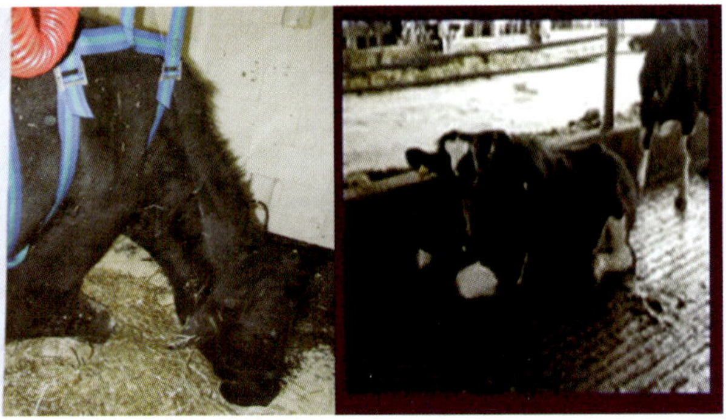

图 8-7　示产后临床低血钾症临床症状表现

十二、罹患低血钾症长久卧地不起病牛可分为 2 类

一类非常虚弱，无法站立，但没有发生严重大面积横纹肌溶解；而另外一类，即便未着地负重部位也发生严重横纹肌溶解；肌酸激酶和天门冬氨酸氨基转移酶含量升高在这一类患牛均非常明显；同时，即使后期血清钾离子含量恢复正常，这一类患牛的恢复期也历时较久。

由于患牛往往全身乏力，故无兴趣采食和饮水；但如将饲料和水桶置于患牛头前，可观察到采食和饮水，说明患牛临床表现出来的缺乏食欲和饮欲，也许是假象，其实是由于无法接触到饲料和饮水所致；由此，启发我们需更进一步重视对患牛提供周详护理。

患牛头姿呈鲜明特点：颈部乏力、无法伸直，可以上下左右随意牵拉拽移，有时将头部和颈部扳直，调整为正常位置，但最终仍弯向一侧或另一侧。患牛头姿的这种特点，极易使当值临床兽医误诊为颈部半脱位症；这种情形在患牛发生卧地不起前后均可观察到。最后，患牛也可表现出心律失常，如室性心动过速、加速性室性自主心律，或心房颤动。

十三、如何鉴别诊断低血钾症?

低血钾症发病初期的临床表现易与某些急腹症混淆，如：肠梗阻或肠套叠。当然，也会与一些肌肉骨骼性疾病，或神经性疾病相混淆，如：颈部肌肉损伤、脱臼、骨髓炎、肿瘤、脊椎畸形，骨折、斜颈和脊椎损伤。详细分析病史和对患牛做临床全面检查，有助于排除以上病症。

当患牛卧地不起时，应排除临床低血钙症、肉毒梭菌中毒症和焦虫病。此外，产后牛发生瘫痪，首先应该考虑临床低血钙症，如果连续 2 次补钙未缓解症状，应考虑低血钾症的可能性，停止继续补钙，因为给血钙含量正常奶牛连续静注补钙风险很大。

十四、如何正确有效治疗低血钾症?

1.如何实施非特异性治疗?

对任何低血钾症原发病，或并发症都应适时恰当处理。对任何久卧不起患牛均需提供合理周详护理，包括患牛能随时容易地采食到新鲜饲料和洁净清水；按时挤奶，以免发生乳房炎；定时翻身，避免出现褥疮。另外，使用辅助患牛站立的漂浮水箱可明显提高治愈率；但是把握使用时机至关重要，因为此时低血钾症患牛非常虚弱和肌肉张力缺乏，过早使用极可能造成肌肉骨骼进一步损伤。一旦血清钾离子含量恢复正常，应用漂浮水箱就会加速痊愈。

2.如何实施特异性治疗?

如果低血钾症患牛久卧不起，同时伴有严重并发症，即使机体钾离子含量恢复正常，最终并发症也可招致患牛死亡。所以，再次重复：对于低血钾症患牛久卧不起，同时伴有严重并发症病例，救治是否能够成功，至关重要的环节是提供全方位周详护理。如何补充丢失钾离子？口服氯化钾是通用较安全措施，口服 60 ～ 120 克氯化钾，每日 2 次；患有严重低钾血症（<2.5 mmol/L=9.8 毫克 /100 毫升）经产牛应首先口服 120 克氯化钾，继之 12 小时后第二次口服 120 克氯化钾，24 小时总共口服 240 克氯化钾。不建议使用较高口服剂量，因为会导致腹泻、流涎过多、四肢肌肉震颤和精神兴奋。钾很少静脉给药，仅用于严重低钾血症和瘤胃弛缓卧地不起患牛初始治疗，因为比口服补钾更危险和昂贵。静注补钾宜采用等渗氯化钾溶液（1.15%），给药速度应为<3.2 毫升 /（公斤体重 · 小时），相当于离子钾最高静注速率为 0.5 毫摩尔 /（公斤体重 · 小时）[1.2 克钾离子 /600（公斤体重 · 小时）]；较高钾给药速率可致心律失常风险，包括可导致心室颤动和死亡的室性早搏。也可静脉注射 50 ～ 60 毫升 10% 氯化钾溶液（可提供机体血钾浓度 5.4 ～ 6.5 毫克 /100 毫升），速度每小时不可超过 0.5 毫克当量钾离子 / 公斤体重（溶于 2000 毫升生理盐水或 5% 葡萄糖溶液中；<500 毫升 =1.5 克氯化钾 /

小时）；如条件许可，需逐日监测血清钾离子含量变化，以便随时调整补钾剂量。一个疗程通常需要 3 ～ 5 天；疗程结束后可再持续补钾数日，藉以确保患牛完全 100% 恢复罹病前采食量。国内常采用以下流程治疗产后奶牛低血钾症，但未报道治愈率如何。

发病第一天：将 10% 氯化钾注射液 60 毫升，分别稀释于 3 瓶 25% 葡萄糖注射液中，一次性静脉输入。

发病第二天：将 10% 氯化钾注射液 40 毫升稀释于 2 瓶 25% 葡萄糖注射液中，一次性静脉输液。

同道们是否理解 10% 氯化钾注射液稀释于 25% 葡萄糖注射液中给予患牛存在什么风险？（参阅表 8-3 和图 8-8）。

十五、低血钾症预后如何？如何有效正确预防低血钾症？

低血钾症的治愈率在 3 项研究结果中分别为 2% ～ 8%、7% ～ 17% 和 11% ～ 14%。治愈率差异较大往往牵涉到许多因素，如：久卧不起时间长短、并发症严重程度如何、是否伴发低血钾症肌肉病变、是否得到及时正确治疗，以及是否护理到位，等等。笔端至此，倍觉羞愧！自己专业生涯中从未成功治愈奶牛产后低血钾症，确属典型败军之将，何以言勇？

宜尽全力防止久卧不起患牛并发症，这可以有效改进治愈率。如低血钾症患牛并发多种疾病，同时恢复期历时较长，那预后更需谨慎。有条件时，应用漂浮水箱也可提高治愈率。奶牛长期厌食、反复注射地塞米松，或静脉注射葡萄糖溶液，应酌情补充钾离子：每日口服 2 次氯化钾，每次 100 克即可。

表 8-3　上分表为北美奶牛临床兽医救治低血钾症患牛使用的含钾混合静脉注射溶液；下分表为我国奶牛临床兽医救治低血钾症患牛使用的含钾混合静脉注射溶液；同道们可否分析哪种含钾混合静脉注射液安全可靠呢？（本款大输液混合液渗透压值和强离子差值计算微型软件由河北科星药业王宁兽医开发）

序号	名称	容量	成分、百分比、含量	分子量		毫摩尔浓度（升）	毫克当量浓度（升）	渗透压（毫摩尔/升：270-310）	强离子差（毫克当量/升）	混合容量（毫升）	渗透压（毫摩尔/升）	强离子差（毫克当量/升：>25：正常38-46）
1	0.9%氯化钠注射液	500ml	0.9%NaCl 4.5g	NaCl	58.443	154	154	308	0	2000		
2	10%氯化钠注射液	500ml	10%NaCl 50g			1711	1711	3422	0	0		
3	复方氯化钠注射液	500ml	0.85%NaCl 4.25g 0.03%KCl 0.15g 0.03%CaCl2 0.15g	KCl	74.55	NaCl 145.44 KCl 4 CaCl2 2.7	NaCl 145.44 KCl 4 CaCl2 5.4	306.98	0			
4	葡萄糖氯化钠注射液	500ml	5%葡萄糖 25g 0.9%NaCl 4.5g	葡萄糖 C6H12O6	180.156	葡萄糖 277.54 NaCl 154	NaCl 154	585.54	0			
5	5%葡萄糖注射液	500ml	5%葡萄糖 25g			277.54		277.54	0			
6	10%葡萄糖注射液	500ml	10%葡萄糖 50g			555.07		555.07	0			
7	25%葡萄糖注射液	500ml	25%葡萄糖 125g			1387.69		1387.69	0			
8	50%葡萄糖注射液	500ml	50%葡萄糖 250g			2775.37		2775.37	0			
9	5%碳酸氢钠注射液	500ml	5%NaHCO3 25g	NaHCO3	84.01	595.17	595.17	1190.34	595.17		377.167767	0
10	10%葡萄糖酸钙注射液	500ml	10%葡萄糖酸钙 50g（4.65克离子钙）	葡萄糖酸钙 Ca(C6H11O7)2	430.388	葡萄糖酸钙 232.3	464.6	678.9	464.6	0		
11	硼葡萄糖酸钙注射液	500ml	5%硼酸 25g 25%葡萄糖酸钙125g（11.4克离子钙）	硼酸H3BO3	61.8	硼酸 809.06 葡萄糖酸钙580.1	1161.7	2506.3	1161.7			
12	氯化钙葡萄糖注射液	100ml	5%CaCl2 5g 25%葡萄糖 25g（1.8克离子钙）			CaCl2 450.45 葡萄糖 1387.69	CaCl2 900.9	2739.04	0			
13	5%氯化钙注射液	500ml	5%CaCl2 25g（9克离子钙）	CaCl2	111	CaCl2 450.45	CaCl2 900.9	1351.35	0			
14	10%氯化钾注射液	10ml	10%KCl 1g	KCl	74.55	KCl 1341.38	1341.38	2682.76	0	60		
15	10%硫酸镁注射液	10ml	MgSO4 1g	MgSO4	120.37	MgSO4 830.77	MgSO4 1661.54	1661.54	0			
									合计	2060		

序号	名称	容量	成分、百分比、含量	分子量		毫摩尔浓度（升）	毫克当量浓度（升）	渗透压（毫摩尔/升：270-310）	强离子差（毫克当量/升）	混合容量（毫升）	渗透压（毫摩尔/升）	强离子差（毫克当量/升：>25：正常38-46）
1	0.9%氯化钠注射液	500ml	0.9%NaCl 4.5g	NaCl	58.443	154	154	308	0	0		
2	10%氯化钠注射液	500ml	10%NaCl 50g			1711	1711	3422	0	0		
3	复方氯化钠注射液	500ml	0.85%NaCl 4.25g 0.03%KCl 0.15g 0.03%CaCl2 0.15g	KCl	74.55	NaCl 145.44 KCl 4 CaCl2 2.7	NaCl 145.44 KCl 4 CaCl2 5.4	306.98	0			
4	葡萄糖氯化钠注射液	500ml	5%葡萄糖 25g 0.9%NaCl 4.5g	葡萄糖 C6H12O6	180.156	葡萄糖 277.54 NaCl 154	NaCl 154	585.54	0			
5	5%葡萄糖注射液	500ml	5%葡萄糖 25g			277.54		277.54	0			
6	10%葡萄糖注射液	500ml	10%葡萄糖 50g			555.07		555.07	0			
7	25%葡萄糖注射液	500ml	25%葡萄糖 125g			1387.69		1387.69	0	1500		
8	50%葡萄糖注射液	500ml	50%葡萄糖 250g			2775.37		2775.37	0			
9	5%碳酸氢钠注射液	500ml	5%NaHCO3 25g	NaHCO3	84.01	595.17	595.17	1190.34	595.17		1437.500385	0
10	10%葡萄糖酸钙注射液	500ml	10%葡萄糖酸钙 50g（4.65克离子钙）	葡萄糖酸钙 Ca(C6H11O7)2	430.388	葡萄糖酸钙 232.3	464.6	678.9	464.6	0		
11	硼葡萄糖酸钙注射液	500ml	5%硼酸 25g 25%葡萄糖酸钙125g（11.4克离子钙）	硼酸H3BO3	61.8	硼酸 809.06 葡萄糖酸钙580.1	1161.7	2506.3	1161.7			
12	氯化钙葡萄糖注射液	100ml	5%CaCl2 5g 25%葡萄糖 25g（1.8克离子钙）			CaCl2 450.45 葡萄糖 1387.69	CaCl2 900.9	2739.04	0			
13	5%氯化钙注射液	500ml	5%CaCl2 25g（9克离子钙）	CaCl2	111	CaCl2 450.45	CaCl2 900.9	1351.35	0			
14	10%氯化钾注射液	10ml	10%KCl 1g	KCl	74.55	KCl 1341.38	1341.38	2682.76	0	60		
15	10%硫酸镁注射液	10ml	MgSO4 1g	MgSO4	120.37	MgSO4 830.77	MgSO4 1661.54	1661.54	0			
									合计	1560		

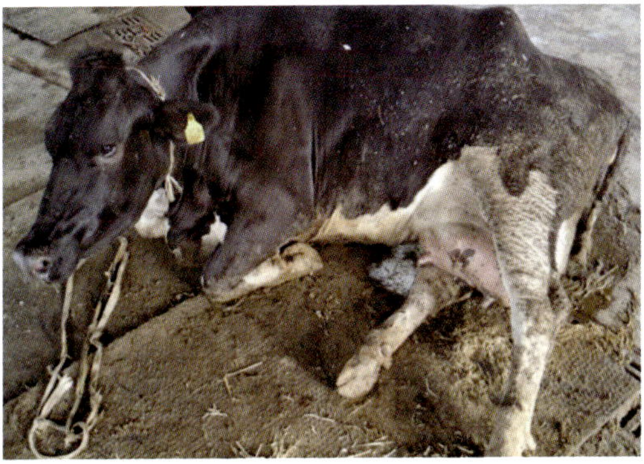

图 8-8　由高阳硕士提供：一头产后卧地不起患牛，经 2 次静脉注射补钙仍未站立，后改补镁钾磷终于站立。这是高阳硕士陈述：张老师，今天静脉滴注用药如下：钙磷镁注射液 500 毫升 +10% 硫酸镁注射液 150 毫升 +10% 氯化钾注射液 100 毫升 +5% 葡萄糖注射液 500 毫升 +25% 葡萄糖注射液 500 毫升；下午这头牛站起来了。

十六、奶牛围产期低血磷症发病率是多少？（参阅表 8-4）

围产期卧地不起患牛，无论是否伴发或不伴发低血钙症，低血磷症发病率波动在 66% ～ 93% 之间。尽管产后卧地不起患牛低血磷症发病率高于产后止常牛，但低血磷症究竟是产后卧地不起患牛的发病原因，还是由于采食减少或胃肠弛缓所致，目前仍然存在争议。行走自如的围产期病牛，鲜见低血磷症。全群围产期牛低血磷症的发病率通常波动于 35% ～ 57% 之间，主要归因于采食量下降所致。

表 8-4　德国 7000 余头分娩牛产后首日血磷检测结果

分类	血清Pi浓度检测结果		%
	毫摩尔/升	毫克/分升	
严重低血磷症	<0.5	<1.5	1.2
中度低血磷症	0.5	1.5	52.7
轻度低血磷症	<1.6	<4.9	
正常血磷	1.6-<2.3	4.9-<7.1	39.9
高血磷症	>2.3	>7.1	6.2

图 8-9　示产后低血磷症临床症状表现主要特点：除卧地不起综合征外，还呈现血红蛋白尿和可视黏膜严重黄染。

十七、如何正确有效诊疗防低血磷症?

低血磷症有时与产后血红蛋白尿有关，这种情况的特点是红细胞膜易脆和溶解，继之释放血红蛋白色素进入血液和尿液。急性重度低血磷症（<1 ～ 2 毫克 /100 毫升；正常值 4 ～ 8 毫克 /100 毫升）产后牛通常后肢无力、久卧不起、精神警觉和愿意采食；常称这类患牛的“警觉卧地不起牛”或“爬行牛”。

如果日粮磷不足，因为干奶期胎犊急剧发育成长需大量磷，加之初乳中多量磷损失和分娩后产奶量增加消耗相当数量磷，这些均会导致急性低血磷症。产后如同时并发低血钙症、低血镁症和低血糖症则会使低血磷症进一步复杂化。如果日粮磷充足，产后治疗临床低血钙症无反应患牛，也易罹患急性低血磷症。低血磷症常伴发临床低血钙症，但经适当临床低血钙症治疗奏效后，低血磷症亦会随之纠正。

围产前期和分娩期间血钙降低会增加甲状旁腺激素释放，这将导致血磷浓度下降，缘于增加肾磷清除率和唾液磷循环。肠道磷吸

收效率受维生素 D_3 影响，一部分回收磷最终将从粪便中丢失，从而导致可交换磷池磷源净损失。少数临床低血钙患牛经治疗后血磷水平并未恢复正常，最终引发低血磷症的发生，导致这种缺乏反应机制目前尚未阐明。

瘤胃运动减少可能会损害回收唾液磷，曾观察卧地不起缺乏反刍患牛血磷水平低；然而，低血磷症并不被认为是导致卧地不起综合征的重要原因。反驳这种机制的经典例子是由胰岛素触发的细胞内磷转移：静脉注射葡萄糖溶液，无论是一次性快速注入，还是采用慢速滴注，均会在几分钟内降低血浆磷浓度 >30%（使原正常血磷降至 2.1 ～ 5.6 毫克 /100 毫升），但并不总伴发卧地不起综合征。

卧地不起低血磷症患牛可通过静脉、口服或两者兼用磷补充剂进行治疗。磷化学形式显示对生物利用和有效的重要磷化合物只有阴离子磷酸盐生物学可用。次磷酸衍生物（PO_2^{3-}）生物学上不可用。亚磷酸盐（PO_3^{3-}）更易溶于水，因此与钙或镁混合并不沉淀，从而使它们成为复合电解质的重要组分之一。

静注补磷总剂量是 6 ～ 7 克（可提供机体血磷含量 12.5 毫克 /100 毫升）；另外，所需总剂量，也可从提供 23 ～ 30 克磷酸一钠（NaH_2PO_4）或一种含磷酸钠人医灌肠剂获得。亚磷酸盐人医灌肠剂应稀释在 1 升生理盐水中，这样可减少 pH 值和张力不利影响。不应将钙溶液添加到这些制剂中的任何一种，因为它们会形成磷酸钙沉淀。口服磷酸一钠后可使血磷低峰值持续较久；口服磷酸一钠（25% 磷）200 ～ 300 克可获 50 ～ 60 克磷；使用时将磷酸一钠溶于水中形成悬浮液灌服或胃管投喂。磷酸一钠胶丸或凝胶也可使用。其他磷酸盐磷源（磷酸二钙和骨粉）难溶解，故不会引起血磷急剧升高。静注补磷只能维持 2 小时左右血磷浓度，但口服补磷可维持血磷浓度超过 6 小时。因为目前仍未清楚了解临床低血钙症治疗后为何部分患牛血磷浓度依然较低，因此预防低血磷症的最佳方法还是应将分娩牛临床低血钙症风险降至最低。

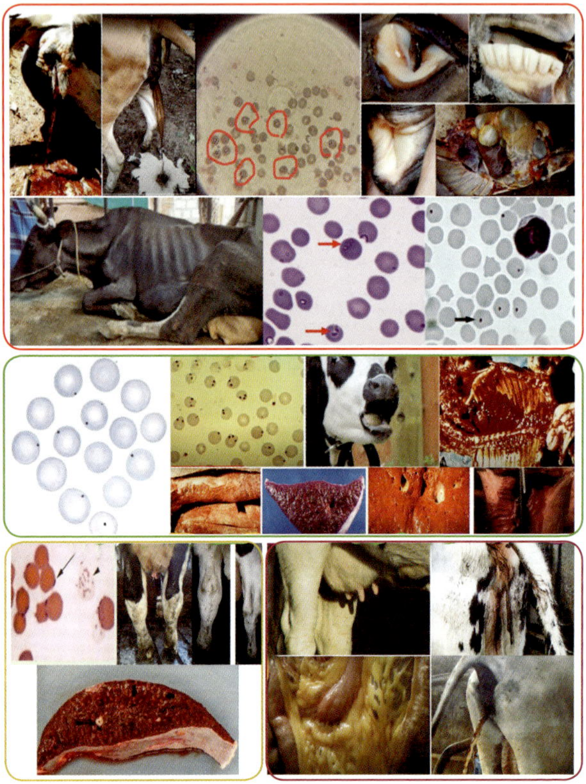

图 8-10　示低血磷症如何与其他贫血性疾病正确鉴别诊断。红线区域是奶牛焦虫病临床症状表现和显微镜视野下焦虫特征，奶牛焦虫病临床表现的重要特征除血红蛋白尿和可视黏膜苍白外，还呈现发病全程持续高热不退。绿线区域是奶牛边虫病临床症状表现和显微镜视野下边虫特征，奶牛边虫病虽呈现贫血症状，但并无血红蛋白尿和高热临床症状。金线区域是奶牛附红细胞体病临床症状表现和显微镜视野下附红细胞体特征，奶牛附红细胞体病除临床症状呈现贫血外，最显著的临床症状特征是跗关节肿胀。紫线区域是奶牛钩端螺旋体病临床症状表现，奶牛钩端螺旋体病除贫血和血红蛋白尿外，最鲜明的临床症状是全身黄染严重、四乳区迅速萎缩和奶量急剧降低，同时牛奶呈血色或黄稠状。

十八、如何正确有效诊疗防低血镁症?

奶牛产后低血镁症发病率在 3% ～ 4% 左右。因为妊娠晚期胎犊飞速发育需摄入大量镁和分娩后产奶增加镁损失较多，如日粮镁摄入量减少或日粮镁供应不足，或两者兼而有之，均可导致血镁减少并继发低血镁综合征临床症状。低血镁症临床综合征的命名往往依据其原发表观原因；例如草地抽搐、泌乳抽搐、小麦草场抽搐或冬季抽搐。

图 8-11　示低血镁症临床症状各种表现

十九、临床体征和表现由低血镁浓度严重程度决定

中度低血镁症（血镁浓度 1.1 ～ 1.8 毫克 /100 毫升）的临床症状表现特征如下：精神紧张、奶量降低和采食量减少，并经常潜伏隐匿发病；同时更易诱发临床低钙血症。此外，如天气或其他应激因子造成采食量急剧减少也可能会导致患牛抽搐。

如血镁浓度低于 1.1 毫克 /100 毫升，初始临床症状表现包括精神兴奋、感觉过敏，面部、肩部和腹壁肌束震颤；耳朵抖摆；行走时肢蹄痉挛导致共济失调。

如血镁浓度低于 0.5 毫克 /100 毫升，临床症状表现从步态蹒跚迅速发展成阵挛性抽搐、肌肉强直、角弓反张、四肢划水状刨踢、不自主眼球震颤、眼球凝视并抬望天空、眼睑扩张和皮肤出汗，随着病情进展，癫痫发作，最终昏迷和死亡。

低血镁症临床症状个体差异非常显著；而破伤风临床症状应与脑脊液镁浓度更密切相关（<1 毫克 /100 毫升）。脑脊液镁浓度范围宽泛且稳定，但血镁浓度低于 0.6 毫克 /100 毫升时，则脑脊液镁浓度急剧降低。当然，罹患临床低血钙病牛也会呈现肢蹄抽搐症状。

建立诊断应基于病史和临床表现，并藉助血镁和血钙分析证实。剖检眼球玻璃体液镁浓度低于 1.16 毫克 /100 毫升提示低血镁症是死亡主因。脑脊液和眼球玻璃体液镁浓度可在死后 12 ～ 48 小时内用于诊断。尿镁浓度也可用于诊断，因为尿镁浓度会随着低血镁症持续恶化而迅速下降。日粮镁含量是否靠谱可以分析奶牛群体血液样本血镁浓度高低来确定。分娩后 12 小时至 3 周采集血样，90% 以上分娩牛血镁浓度高于 2.0 毫克 /100 毫升则应视为日粮镁供应充足。

二十、如何有效正确防治低血镁症?

临床低血镁症治疗需及时静注补钙和补镁，同时皮下注射补镁和口服补镁藉以减少复发；如救治不当，则数小时内会发生死亡。缓慢静注硼葡萄糖酸磷盐或次磷酸盐（>10 分钟），总共可提供 2 ～ 3 克镁离子将是安全有效剂量（可提供体内血镁浓度 4.2 ～ 6.3 毫克 /100 毫升）。市售制剂还含有钙盐；因此，需缓慢静脉给药藉以防止镁或钙输入过急导致心律失常。此外，静注时必须小心翼翼，初始可能会引发强直性癫痫发作；如果奏效，康复患牛还可能会极具攻击性且非常危险。有鉴于此，大群暴发时，可给予氯化镁或硫酸镁灌肠（60 克 /200 ～ 300 毫升水）。还有，因为静注补镁后复发率可能很高和临床反应令人失望，故需皮下注射额外补镁（50% 硫酸镁注射液 100 ～ 200 毫升），这可长期维持血镁浓度从而减少病情反弹。此外，应用口服补镁也可增加瘤胃镁浓度，自然可促进镁被动扩散增加吸收；故而，可灌服氧化镁 100 克或 200 ～ 400 毫升 50% 硫酸镁。多年来一直提倡产后灌服钙、磷、钠和镁合剂，藉以一箭多雕（钙磷钠缺乏）并增加镁吸收。

预防低血镁症需要注意日粮镁含量，尽量减少导致饲草镁含量降低或利用的各种耕作因素，以及战略性预防补镁措施。围产期日粮干物质镁含量应维持在 0.35% ～ 0.4%。硫酸镁或氧化镁可酌情加入日粮藉以提高日粮镁含量；亦可提供含镁 5% ～ 8% 盐舔砖；然而，由于适口性差，摄入量变异较大。通常，这些盐舔砖含有糖蜜以增加适口性。另一种选择是 1/3 氧化镁 +1/3 微量元素矿物盐 +1/3 大豆饼或酒糟混合供自由采食。盐舔砖也增加钠摄入量，这可以促进镁吸收。牧草种植管理实践包括豆科牧草混播放牧草原，应施用含镁石灰石（白云石灰岩），同时适当限制钾肥和氮肥的施用。

图 8-12　示奶牛产后临床酮血症临床症状各种表现。本文将不讨论奶牛产后亚临床酮血症和临床酮血症，但只强调以下两点：

1. 不可异想天开图省事给患牛口服葡萄糖，缘于如此操作俾使瘤胃微生物迅速将葡萄糖转化为可挥发脂肪酸，进而引致瘤胃酸中毒。

2. 为降低治疗成本，可口服甘油取代丙二醇，最多可每日灌服1公斤（1日2次，每次500克）。

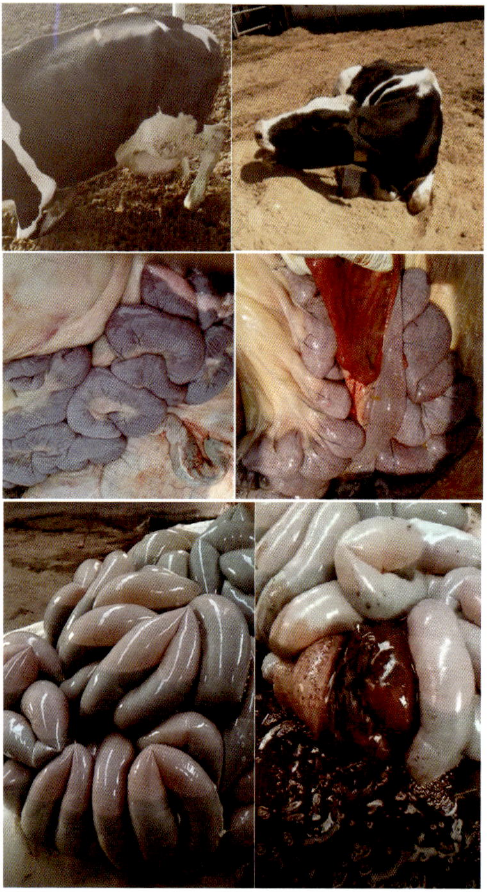

图 8-13　示空肠出血综合征临床症状表现和死后剖检结果。严格意义上，空肠出血综合征并不属传统定义的代谢性疾病，发病主因缘于投喂精料过多致消化道正常微生物区系破坏，结果造成有害梭菌猛烈繁衍释放大量毒素入血，严重损伤消化道黏膜和机体其他重要生命器官。临床症状表现为剧烈腹痛、反复起卧、卧地不起和猝死；死后剖检可在空肠发现大量积血，俗称“血灌肠”。

二十一、如何正确有效诊疗防脂肪肝?

奶牛产后罹患脂肪肝的死亡率可高达 50%；脂肪肝晚期患牛常陷入肝昏迷状态和卧地不起，故而与其他原因造成的卧地不起综合征极易混淆。

1.主要症状有哪些?

始终缺乏食欲、始终精神沉郁、免疫功能抑制和肝昏迷致卧地不起综合症。

2.如何确诊?

按酮血症治疗不见效初步可以确诊。

3. 发病时间？

基本与酮血症相似。

4.风险因素有哪些?

分娩前体膘超过 3.75（并非所有肥牛均罹患脂肪肝）、酮血症、真胃移位、低血钙症、产后临床子宫炎、产后临床乳房炎和胎衣不下。

5. 发病机理是什么?

甘油三酸酯生成过多而无法及时转移出肝脏结果造成如下影响：降低免疫功能、降低中和毒素、降低尿素生成、促进糖原异生、降低激素清除和激素反应性、引发低血糖、高氨血症和内分泌失衡，最终导致肝昏迷死亡。

6. 如何治疗?

一般无效。可尝试加强良好饲养管理；静注葡萄糖 + 抗生素；每日皮下注射胰高血糖素 15 毫克，连续 14 日；给予胆碱 15 克包被胆碱 / 日以促进脂肪从肝脏排出（产前 2 周和产后 6 ～ 8 周）；每日给予 6 ～ 12 克烟酸以减少体储动员（>4 日），等等。

治疗脂肪肝的方法与治疗酮血症的方法相似。轻度病例通常使用口服丙二醇（250～300毫升/牛，每天2次）、甘油（高达500克/牛，每天2次）或丙酸钠（200克/牛，每天2次），治疗目的是获得血糖峰值，从而达到胰岛素分泌峰值。为此，上述剂量最好口服给药，而不是混入日粮。甘油被认为是丙二醇的更适口替代品，但它确实需要相当大剂量，并且治疗酮血症效果有限。丙酸钠的缺点是作为碱化剂，这可能经常造成代谢性碱中毒厌食患牛发病率升高；长期使用丙酸钠治疗会加剧碱血症并导致行动迟钝和嗜睡。

更严重的酮血症和脂肪肝病例可单次或重复静注500毫升50%葡萄糖溶液，并且口服丙二醇（250毫升，每天2次）联合给药。治疗目的是诱导一个或几个胰岛素峰值，从而中断脂肪动员和酮体生成作用。这种影响很少归因于葡萄糖提供的能量，葡萄糖主要通过乳腺和肾脏排出。

更复杂的病例可连续静脉滴注葡萄糖高达60克/（小时·牛），可将血浆葡萄糖浓度提高到100～150毫克/100毫升而不会超过肾脏葡萄糖阈值。然而，滴注现场并不容易进行，必须在专门的治疗区域进行。尽管这种治疗有效地抑制了脂肪分解和酮体生成作用，但治疗引起的高血糖症可能会对采食量产生负面影响。因此，建议在2～3天后降低输注速度，并确定患牛是否能够在静注补糖减少时维持正常血糖。

患有脂肪肝病牛使用糖皮质激素仍有争议，因其具有潜在脂肪分解作用。最近文献表明，地塞米松短期治疗不会诱导患牛脂肪分解。糖皮质激素糖原异生作用已在几种单胃动物得到充分证明，但迄今为止尚未在牛得到证实。牛注射糖皮质激素后血糖浓度升高主要归因于乳腺对葡萄糖的吸收受损。此外，糖皮质激素对采食量有积极影响。

理论上讲，有效治疗方法是那些增强从肝脏输出脂蛋白甘油三酯方法。然而，非反刍动物已知促脂剂化合物尚未被证明对反刍动物有效。通常建议静脉注射胆碱、肌醇、蛋氨酸和维生素 B_{12} 作为治疗方法。发现含有氰钴胺和丁磷烷组合产品与丙二醇结合使用作为酮血症补充疗法是有益的。注射维生素 B_{12} 至少可改善低血糖症患牛糖原异生活性。这些药物口服给药无效，因为它们在瘤胃中将被降解。

7. 如何预防?

同道们应该理解以下预防措施：产前体膘不可超过 3.5，为什么？过肥妊娠牛可否在干奶期调整体膘？为什么？何时调整体膘最好？为什么？如果干奶期体膘过肥如何办？精料不可投放过多、加强运动、产后每日精料按 225 克 / 日递增和产犊间隔以 390 日为宜，为什么？

预防脂肪肝的关键时间是产前约 1 周至产后 1 周，此时奶牛最易罹患脂肪肝。那些体膘 >3.5 和采食不积极的产前牛，应于产前 1 周口服丙二醇 300 ～ 600 毫升 / 天，这可有效降低血浆非酯化脂肪酸（NEFA）含量和分娩期间脂肪肝严重程度。甘油（每头牛每天最多 1 公斤）已被建议作为丙二醇更便宜且更适口的替代品。

葡萄糖或葡萄糖前体可有效控制酮血症和脂肪肝疾病，因为它们会引发胰岛素反应。胰岛素是抗脂肪分解的，即可减少脂储动员。产后立即单次肌注 100 单位 24 小时缓释胰岛素可预防脂肪肝。较高剂量可能会导致严重低血糖症，因此应同时给予葡萄糖。胰高血糖素刺激糖原分解、糖原异生和胰岛素产生。与非反刍动物相比，胰高血糖素在反刍动物的脂肪分解作用可以忽略不计。静注胰高血糖素（10 毫克 / 天，持续 14 天）可有效降低肝脏甘油三酯。大多数国家，胰岛素和胰高血糖素均未获准用于食用动物。烟酸是一种抗脂肪分解剂，具有预防脂肪肝的潜力，但没有明确证据支持潜在易患脂肪肝病牛补充烟酸可以奏效。

口服莫能菌素是一种离子载体抗生素，用于预防酮血症，继而预防脂肪肝。分娩前给干奶牛口服莫能菌素连续 4 周，可以降低泌乳早期发生酮血症和肝脂质沉积症的风险，特别是对体膘 >3.5 和老龄经产牛。相关作用机制似乎是调节瘤胃发酵以增加丙酸合成。使用含有莫能菌素干奶牛缓释口服丸剂现业已成为预防酮血症风险的通用流程。

图 8-14　示奶牛肉毒梭菌中毒症临床症状各种表现、显微镜视野下肉毒梭菌形态、患牛异常粪便，以及霉变饲料：霉变青贮、霉变酒糟、霉变燕麦草和霉变稻草。肉毒梭菌中毒首例病例发现于 1735 年，因致病梭菌形态类似香肠，所以命名为肉毒梭菌中毒症；通常发病后运动肌无力而致卧地不起，65% 的患牛发病后 6 ~ 72 小时死亡。饲喂严重发霉饲料系重要风险因子之一。

第二节　如何做好运动系统损伤卧地不起综合征或跛行疾病诊疗防工作?

奶牛外周神经损伤麻痹、骨折、脱臼和运动肌损伤常造成卧地不起综合征或跛行疾病，接助产流程不当系最主要原因。奶牛临床兽医应熟悉基本骨骼系统尤其骨盆结构、各关节构成和功能、各运动肌和肌腱韧带起止走向分布与功能，以及支配调节这些肌肉筋腱韧带的神经起止走向和分布。只有具备这些基础知识，我们才有足够信心做好运动系统损伤卧地不起综合征或跛行疾病诊疗防工作。为增强同道们理解，本节着重以现场图片形式简述如何做好运动系统损伤卧地不起综合征或跛行疾病诊疗防工作。

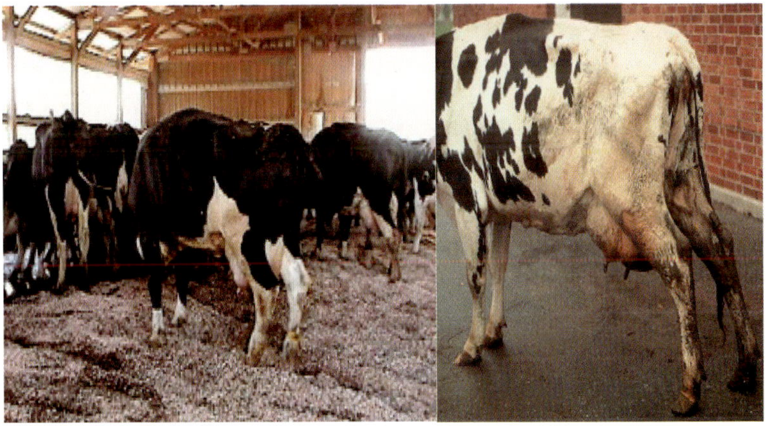

图 8-15　左分图示患牛如果在厚厚垫料柔软地表行走，依然跛行，说明损伤非常严重。右分图示患牛这种姿势常表示蹄踵疼痛或蹄底疼痛；也可能罹患髋关节炎，如果罹患髋关节炎，臀部区域会出现肌肉萎缩。

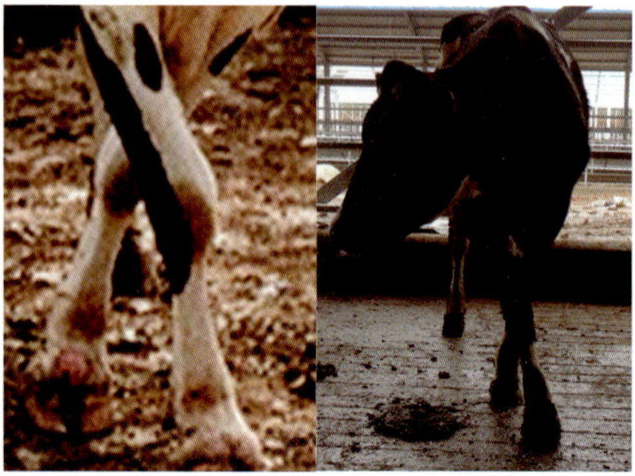

图 8-16　示前肢交叉或后肢交叉，这种状况提示疼痛剧烈难忍；右分图示第三趾骨（蹄骨）骨折。

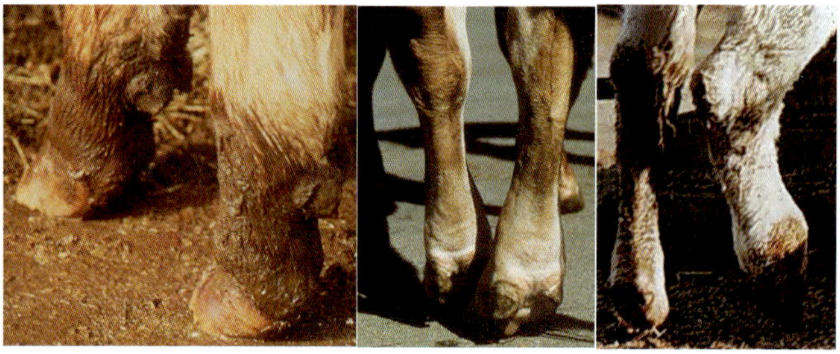

图 8-17　左分图示患牛尝试蹄尖着地，然后球节弯曲使蹄踵轻柔撞击地表，藉以缓解蹄踵疼痛。中分图示这种步态异常缘于第三趾骨骨折、内趾蹄叶炎或内趾急性脓肿。右分图示悬蹄跛行步态缘于患蹄极度疼痛难忍，常见脓毒败血性趾关节炎或第三趾骨（蹄骨）骨折。

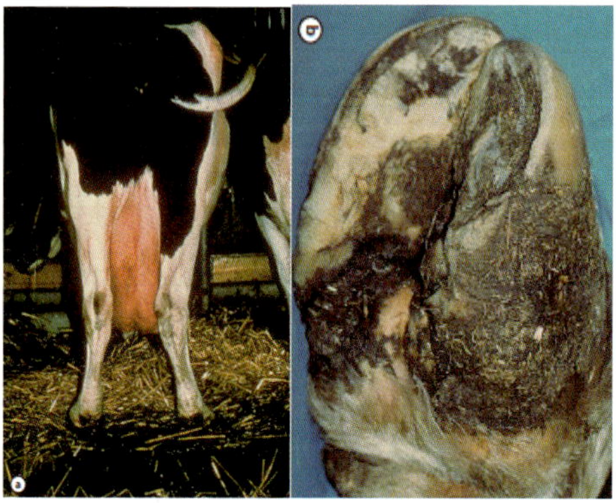

图 8-18　左分图示跗关节内收站姿，俗称“飞节站姿或 X 站姿”，缘于外趾蹄踵区域过厚所致，如右分图所示；这种现象亦被称为“蹄踵过载”。

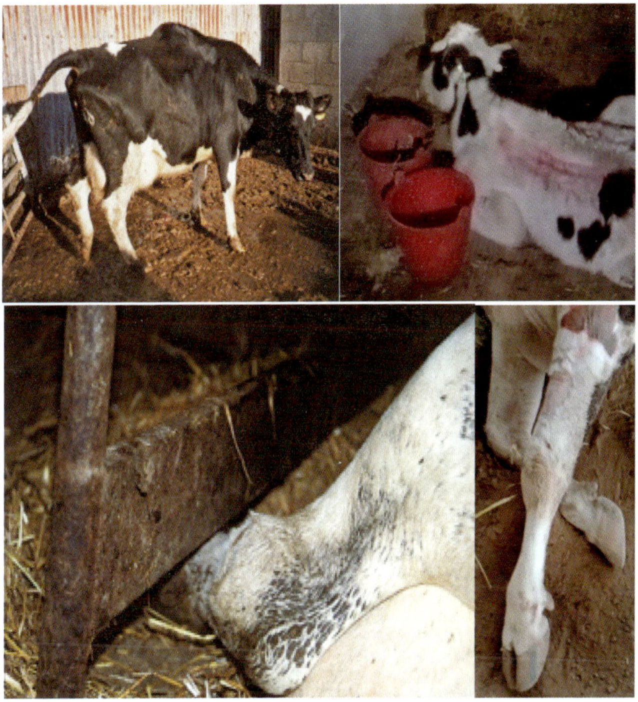

图 8-19　左上分图示患牛背部出现血肿缘于自由卧栏设计不到位所致。左下分图示自由卧栏分隔档低档距卧床表面不够高，故会损伤奶牛飞节。右上分图和右下分图示奶牛场硬件设施欠佳造成断奶犊牛脊椎损伤，患牛食欲和饮水均正常，唯卧地难以站立，针刺四肢和体躯无反应。

图 8-20　示各种助产方式、助产器械、产房设施和产房环境，同道们可否预估该场产后运动系统损伤卧地不起综合征或跛行疾病发病率有多高？产后 60 日死淘率有多高？为什么？

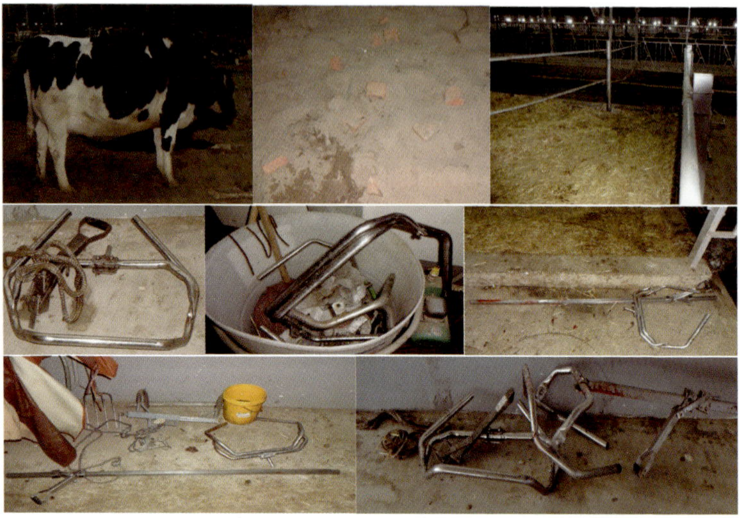

图 8-21　示围产前期牛体况、产区地表状况、助产设施和助产器械管理现状，同道们可否预估该场产后运动系统损伤卧地不起综合征或跛行疾病发病率有多高？产后 60 日死淘率有多高？为什么？

图 8-22　示产房接助产人员值班期间酣睡不醒、落地犊牛被毛黄染及新产母牛和落地犊牛无人护理，同道们可否解释为何落地犊牛被毛黄染？可否预估该场接助产成活率是多少？可否预估该场新生犊牛 5 日内腹泻发病率是多少？可否预估产后运动系统损伤卧地不起综合征或跛行疾病发病率有多高？产后 60 日死淘率有多高？为什么？右下分图示一头子宫扭转分娩牛实施剖腹产后母牛和犊牛均成活；后续追踪询问：犊牛正常健康发育成长，母牛泌乳正常并产后 60 日再次顺利妊娠。分娩期间缘于各种原因，总有 1% 经产牛和 2% ~ 3% 育成牛均需实施剖腹产才能挽救母牛和犊牛。成功实施剖腹产手术的原则是：及早确诊、切忌延误、左侧剖腹和严密消毒；必须抢时间及早实施手术；术前、术中和术后自始自终必须注意无菌操作和严密消毒。本人专业生涯中实施剖腹产手术未曾失败一例，正是得益于严格认真遵循执行以上原则。

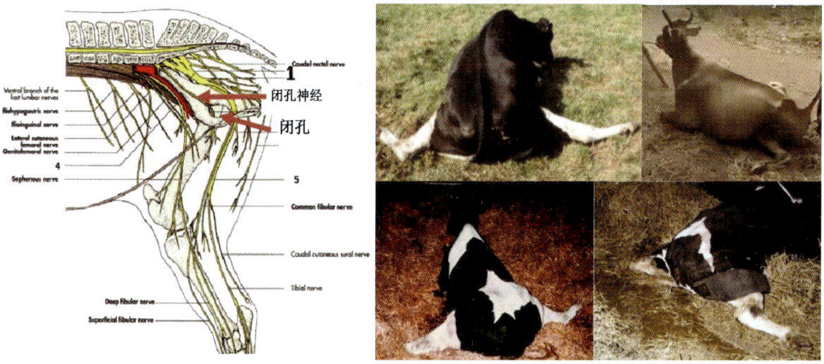

图 8-23　示闭孔神经起源、走向和分布，以及闭孔神经损伤麻痹引致的产后卧地不起综合征：胎犊通过骨盆会对闭孔神经施加压力造成损伤；因闭孔神经与坐骨神经起源毗邻，故会使临床症状解读复杂化。闭孔神经和第 6 腰椎神经、坐骨神经分支损伤麻痹，会造成患牛无法正确内收骨盆肢体和伸展球节。闭孔神经损伤麻痹常与难产相关联，多系强力拉出胎犊所致。患牛如青蛙状卧姿（劈肢趴卧），后肢可平伸至前肢腕关节处。由于闭孔神经支配调节内收肌，所以患牛劈肢伸展卧地，或者呈双后肢向前伸展坐姿。内收肌受损导致永久性趴卧风险很高。强行站立时除双后肢大开张外展，可能还会出现球节背侧着地现象，这表明坐骨神经亦受损麻痹。这两种情况都可能导致患牛卧地不起综合征。

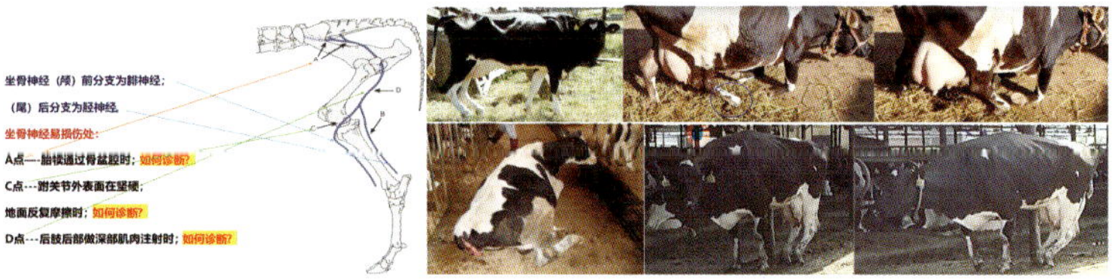

图 8-24　示坐骨神经起源、走向和分布，以及易损伤处和成因：无论顺产还是难产均可能损伤坐骨神经，采取消极等待自然分娩和第二产程超过 30 分钟均有可能损伤坐骨神经；此外，拴系牛舍坚硬地面分娩也会常致坐骨神经损伤（参阅本组图左下分图）；坐骨神经损伤麻痹通常分娩后立即发生，但髋部骨折或臀尾深部注射损伤时也有可能。由于坐骨神经支配调节下肢肌肉，并且在本体感觉中很重要，因此可以观察到球节和飞节轻微“下垂”；负重受到不同程度影响。如果双侧坐骨神经同时损伤麻痹一般归因于分娩所致；如果仅一侧坐骨神经损伤麻痹，那基本可归因于臀部深层肌肉注射损伤所致，或长期久卧坚硬地表损伤跗关节所致。

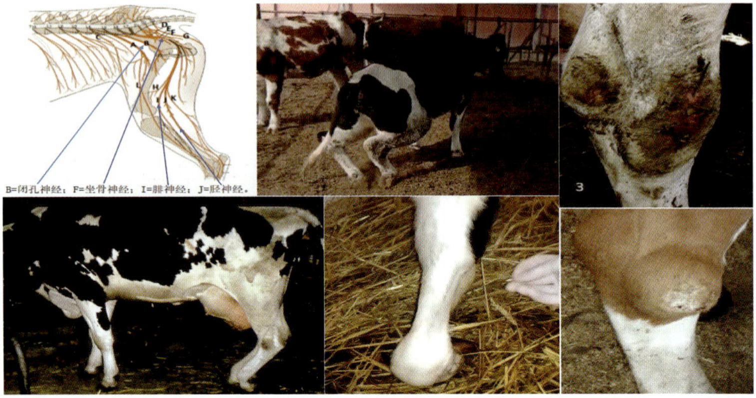

图 8-25　示腓神经起源、走向和分布，以及腓神经损伤麻痹引致的各种跛行表现。腓神经起源于第 6 腰椎和第 1 荐椎，为坐骨神经远侧分支或称颅（前）支，其功能主要是调节支配跗关节屈曲和球节以下各蹄趾关节伸展。腓神经向下行经外侧股骨髁和腓骨头浅表，故极易受到外部创伤或侧卧压迫损伤。腓神经损伤麻痹造成其支配调节的相应肌肉群（飞节屈肌和趾伸肌功能）亦发生麻痹，导致飞节屈肌和趾伸肌无力，结果自然俾使跗关节伸展和球节以下各蹄趾关节屈曲。还有，那些造成坐骨神经损伤麻痹的原因同样适用于腓神经损伤麻痹。腓神经损伤麻痹患牛的临床症状表现明显：站立时趾关节突出蹄冠和球节背面；飞节可能看起来过度伸展；轻微病例患牛行走过程中球节往往会间歇性地触地；不过，蹄踵疼痛患牛行走步态也可能发生这种情况。严重病例患牛站立时，往往以球节和系部背侧面着地，而跗关节此时因承担主要负重而过度下沉伸展，勉强行走时蹄部背侧拖拽地表前进。蹄背感觉减退：患肢跗关节以下区域反复针刺测试可发现跗关节和球节无屈曲伸展反射，但膝关节和髋关节屈曲伸展反射正常，这自然有别于坐骨神经损伤麻痹。如果涉及坐骨神经损伤麻痹，则因胫神经是坐骨神经尾（后）支，支配调节飞节伸肌和趾屈肌功能，临床症状表现情况就不会如此。如果分娩后双侧腓神经损伤麻痹立即发生，一般归因于分娩所致，并且难产和顺产均可能发生；如果仅一侧腓神经损伤麻痹，那基本可归因长期久卧坚硬地表由于后躯重量压迫而损伤跗关节所致。本病预后取决于原发躺卧不起时间的长短和腓神经损伤程度如何。本病治疗原则主要在于加强护理；给予足够厚（>20 厘米）的新鲜干净干燥褥草（使用厚沙也行）；给予适当支持疗法；给予抗炎症药物：首选给予地塞米松（肌注 0.05 毫克 / 公斤，隔 1 ~ 2 天 1 次；）或非固醇类抗炎药物（肌注 1 毫克 / 公斤，每 12 小时 1 次），藉以降低腓神经损伤部分的神经束膜水肿。再有，产后常见腓神经损伤麻痹一般衍生于坐骨神经损伤麻痹；当然，如果躺卧太久同样也可能损伤腓神经。最后，牛类动物胫骨和腓骨几乎完全合并一起，胫神经和腓神经分布与功能基本相似，故临床有时的确很难准确区分胫神经损伤麻痹和腓神经损伤麻痹。

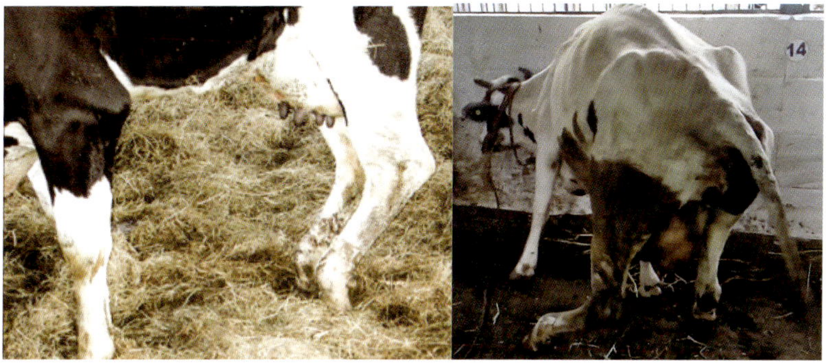

图 8-26　示胫神经损伤麻痹导致飞节伸肌和趾屈肌无力。胫神经是坐骨神经尾（后）支，支配调节飞节伸肌和趾屈肌功能。其近端受到臀肌的良好保护，但远端延伸至腓肠肌肌腱下方；故腓肠肌肌腱创伤时亦会损伤胫神经。胫神经损伤麻痹的临床症状表现：飞节过度弯曲，俗称“飞节下垂综合征”，并且球节部分亦弯曲，但与腓神经损伤麻痹所致球节弯曲状况明显不同。此外腓肠肌似乎较正常更长，给人印象腓肠肌或其肌腱可能会破裂；球节似乎软弱无力，但依然可以笨拙行走和勉强承重；与腓神经损伤麻痹相比，步态障碍轻微，但球节弯曲姿势障碍可能是永久性的。

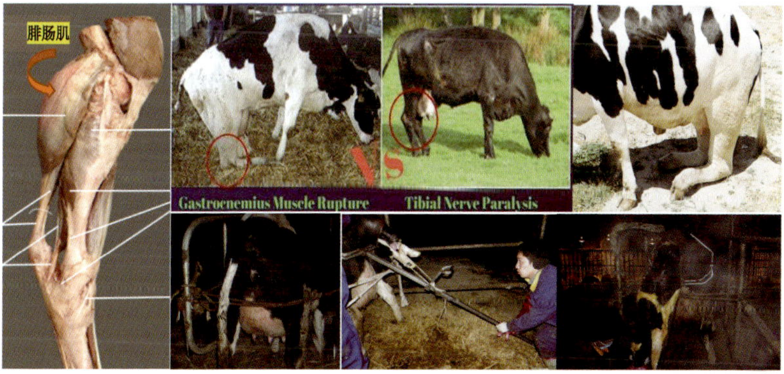

图 8-27　示腓肠肌解剖特点、腓肠肌断裂临床症状表现和发病成因。腓肠肌是后肢肌肉群一块大肌肉，位于膝关节和胫骨近端尾部；人类解剖学称为小腿肌肉。腓肠肌外侧头和内侧头连接合并成一个共同插入肌腱，插入髌骨和通过髌韧带进入胫骨结节。腓肠肌是总跟腱主要组成部分，具有弯曲膝关节和伸展飞节作用。由于膝关节和飞节运动是通过交互解剖结构同步进行，所以腓肠肌在飞节弯曲时同步弯曲膝关节，在膝关节伸展时同步伸展飞节。腓肠肌和腓肠肌腱是保证牛正常起立和负重的关键结构。腓肠肌破裂患牛难以负重和起立，通常预后无望。最常见病因：患低血钙症病牛在湿滑地面尝试反复努力站立或拼命挣扎着站起来都有可能导致腓肠肌破裂。长久卧地不起导致筋膜间隔综合征患牛尝试努力站立，偶尔也会导致腓肠肌破裂；绳索保定

不当和助产器使用不当有时也会使腓肠肌破裂；偶尔，如果困陷深泥或深粪污内，尝试拼命挣脱也有可能使腓肠肌破裂。钙、磷和维生素 D 缺乏也可能诱发腓肠肌破裂。还有，肾盂肾炎可能会导致肌炎，使肌肉变弱至足以破裂。此外，将刺激性药物注射到腓肠肌也可能会导致坏死和破裂。腓肠肌破裂常发生于一侧后肢，罕见双侧后肢腓肠肌破裂或断裂。腓肠肌破裂的典型临床症状表现被描述为“兔腿”，飞节后端着地，与胫骨和跖骨之间呈 90°（本组图右上中分图示胫神经损伤麻痹）。因为很多体重过大腓肠肌破裂患牛试图爬起一半时也无法最终站起来，故奶牛临床兽医如欲刺激卧地不起患牛站立需始终位于患牛后方观察反应情况。许多情况下，腓肠肌撕裂发生在其腹侧并在腓肠肌远端形成明显血肿。触诊破裂腓肠肌感觉坚实且在破裂部位周围形成血肿，但肌腱肿胀飞节近端区域松弛。不太常见的临床症状表现是：腓肠肌腱已经在肌腱和肌腹交界处起源区域破裂；临床准确诊断这类病例并不容易，缘于几乎无血肿形成或肌肉肿胀。如果双侧腓肠肌完全断裂，则患牛将发展成卧地不起综合征，并且难以确诊。临床检查时应仔细触诊全部腓肠肌和肌腱；尽管大多数情况下完全破裂，但也可能发生部分破裂。腓肠肌部分破裂可导致患肢严重跛行、飞节略微下垂和腓肠肌破裂区域肿胀；此时患牛仍可部分负重行走，但更喜欢通过伸展膝关节和弯曲球节使患肢休息。成年牛腓肠肌或腓肠肌腱完全断裂几无治愈希望。治疗宜保持飞节伸展、提供足够维生素和矿物质以及患肢石膏或夹板固定，同时加强护理有可能会治愈，但需要较长时间恢复。

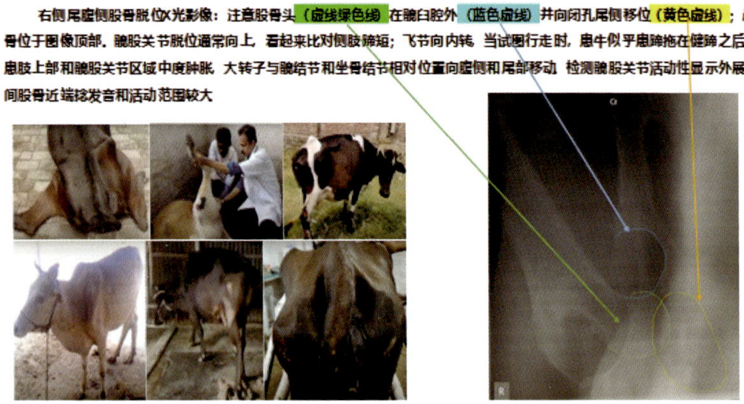

图 8-28　示髋股关节脱位临床症状表现和 X 线影像诊断。奶牛相互爬跨可能造成髋股关节脱位，患肢看起来比对侧健肢短。患牛临床症状表现：飞节内转，试图行走前进时，患肢总是拖在健肢后方。如何治疗？只要股骨头或髋臼边缘无骨折，有可能治愈。将患牛深度镇静后侧卧，一根绳子绕过患肢腹股沟固置于最上端；绳子自由端应绑在树或其他固定物上，并施加牵引力以强制患肢伸展，然后向飞节施加向下压力，使其向外（向上）强烈旋转，直到股骨头滑回髋臼。应从多个角度施加牵引力，直到股骨头卡入髋臼。如果股骨头或髋臼缘骨折，会听到相当大的捻发音，一旦停止牵引，大转子头就会又发生移位。

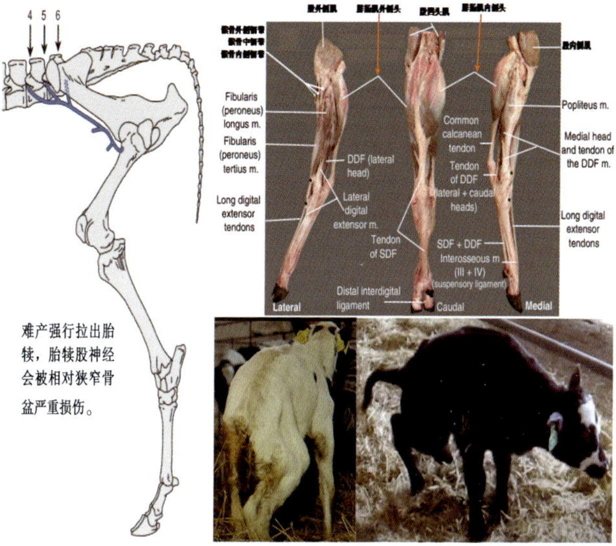

图 8-29　示股神经支配的部分肌肉和股神经损伤麻痹临床症状表现。股神经损伤麻痹可以看到延伸膝关节股四头肌麻痹和髋关节屈肌腰大肌部分麻痹。助产过程中使用助产器强行拉出体躯较大胎犊常致股神经损伤麻痹。股四头肌张力降低会同步降低髌骨张力，结果可能导致髌骨外侧脱位，此时可明显发现股四头肌萎陷；虽然髌骨可以很容易复位，但患牛行走非常困难。股神经损伤麻痹可发生于一侧后肢或两侧后肢；预后与临床症状严重程度有关。

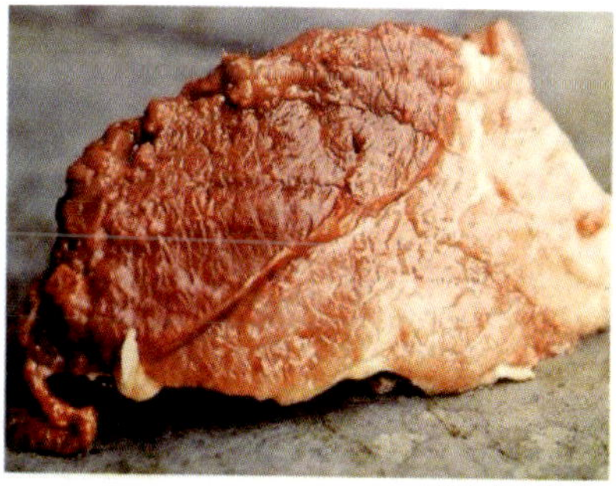

图 8-30　示筋膜间隔综合征（Compartment Syndrome）肌肉病理变化。奶牛卧地不起后，如不定时翻转，大概只有 6 小时救治窗口期；否则，就会继发筋膜间隔综合征。筋膜间隔综合征系指长期躺卧压迫致局部动脉充血不足和静脉回流不畅，从而造成肌肉和神经缺血、缺氧和营养物质，最终导致该处功能完全缺失。触摸患部可感觉肌肉非常坚硬。如救治一段时间仍不能站立，应考虑及早淘汰。如能站立，应采用开放创方法将坏死肌肉和组织切除。注意本图筋膜间隔综合征肌肉病理变化：上部肌肉呈正常肉红色；下部肌肉呈异常苍白色。

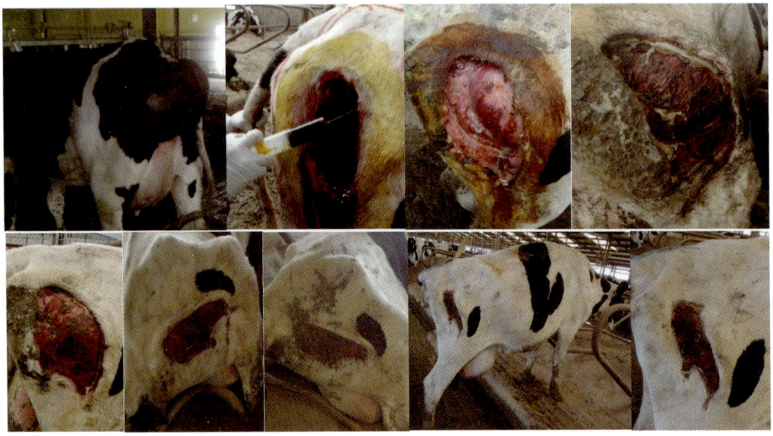

图 8-31　示实施开放创手术后伤口愈合过程。通常实施开放创手术后大约 10 ~ 15 天左右创口即可痊愈。简述步骤如下：将脓肿区域隆起的皮肤全部剪除；彻底清除脓液、污血和坏死组织，切忌损伤大血管和神经组织，毛细血管出血不必介意，中血管出血可用止血钳止血，大血管出血需结扎止血；完成清创后用双氧水清洗创区，继之以含碘后药浴液喷涂创区，不必闭合创口和设置引流；放回原圈避免躺卧脏污地表，不必再做处理，约 2 周左右即可完全愈合。

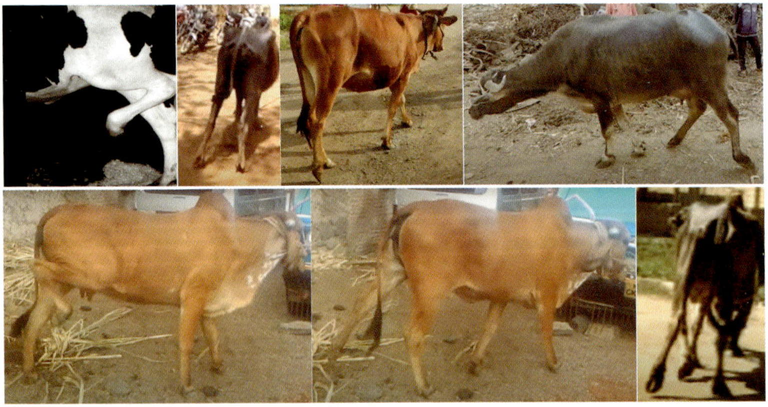

图 8-32　示髌骨脱位临床症状表现。患牛髌骨间歇性固定股骨滑车上部导致一侧后肢或两侧后肢前行时呈特征性抽筋蹬踢动作。强行前进时患肢保持向尾部后方伸展时间长于正常情况，甚至患肢朝前勉强拖拽几步才可着地恢复正常站姿。对于无法根治的髌骨脱位，应进行内侧髌骨韧带切断术。

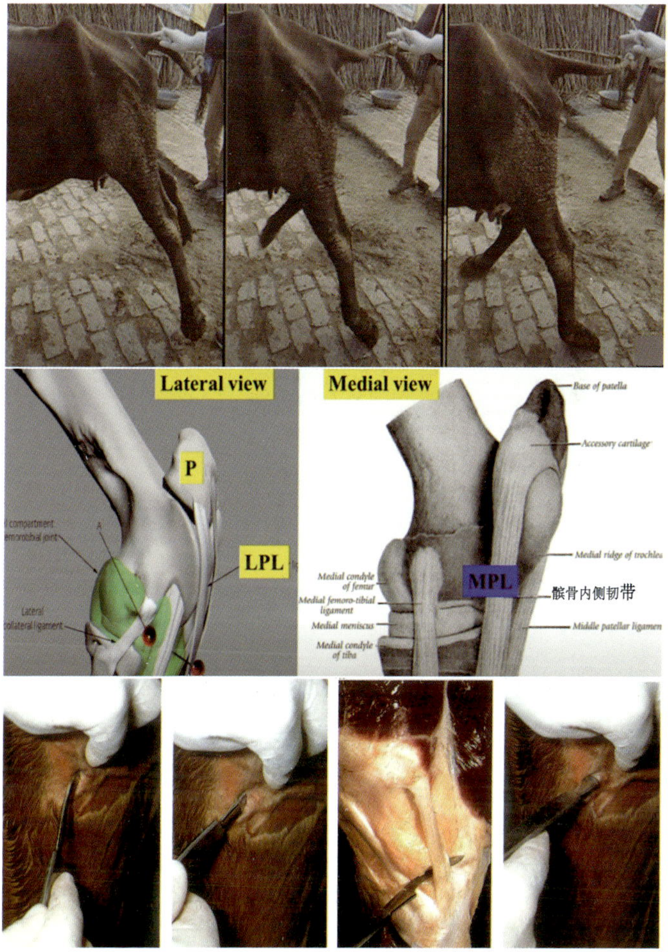

图 8-33　示髌骨脱位临床症状表现和髌骨内侧韧带切断术简易流程。

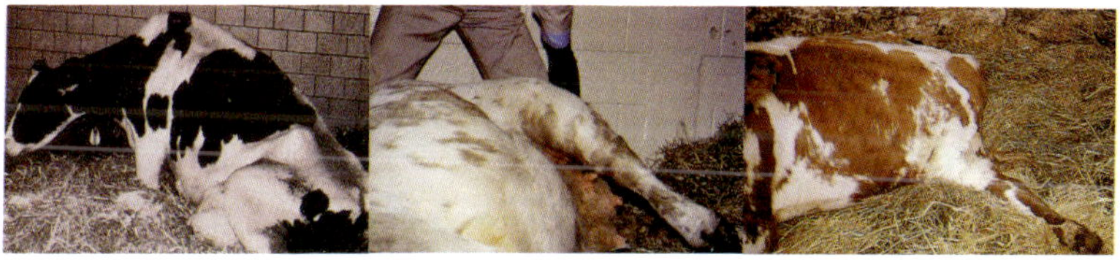

图 8-34　左分图示患牛无前冲区域而无法起立。中分图示长骨骨折（后肢长骨通常是指股骨、胫骨和跖骨）：注意肿胀非常明显。右分图示内收肌损伤或股骨头脱臼：注意后肢跗关节之上臀尾区域折痕。

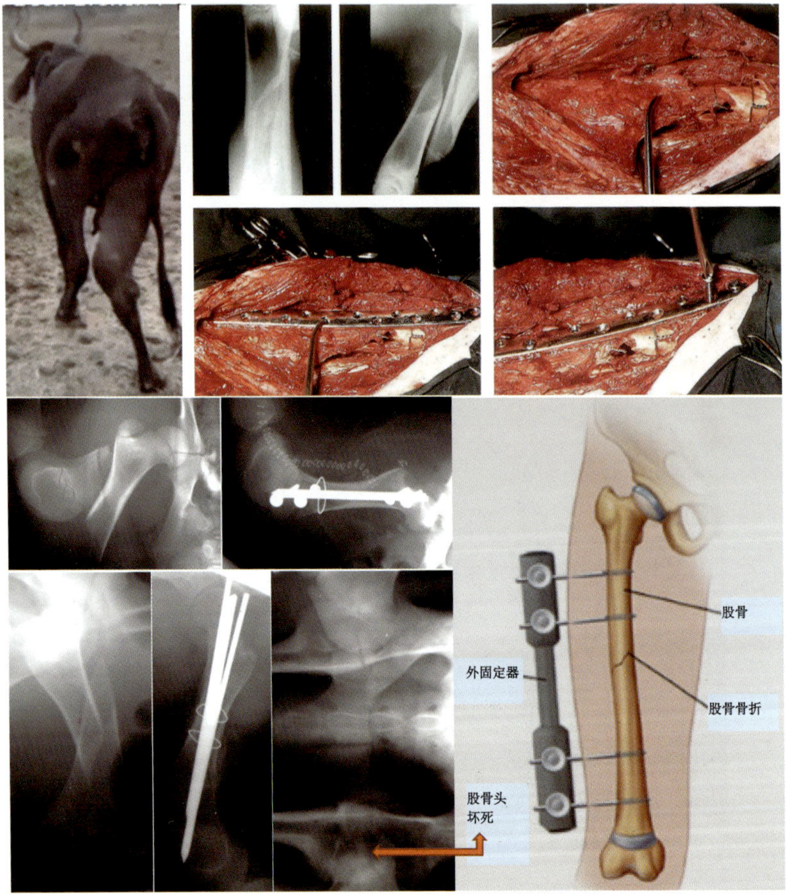

图 8-35　示胫骨和股骨骨折临床症状表现特征和整复术简易流程，手术期间需注意切忌过多损伤术区血管和神经，否则会造成术后术部区域局部动脉充血不足和静脉回流不畅，从而导致肌肉和神经缺血、缺氧和营养物质，最终俾使该处功能完全缺失甚至坏死，如股骨头骨折整复后坏死。

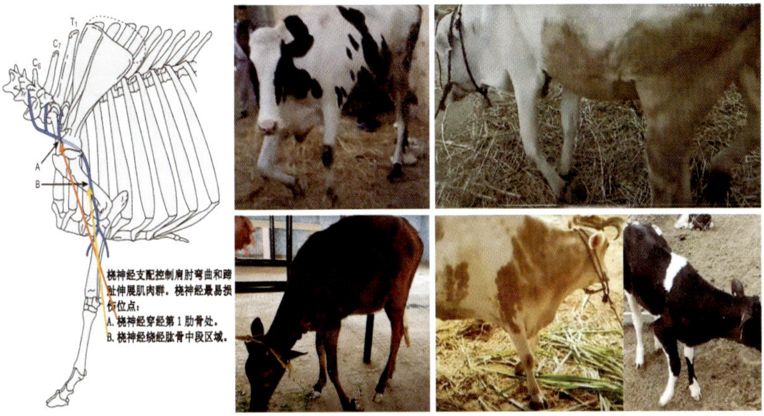

图 8-36　示桡神经起源、走向、分布、易损伤位点和临床症状表现。两类原因往往造成桡神经意外损伤麻痹。最常见桡神经损伤麻痹发生在肩部交叉处第 1 肋骨骨折区域；如果桡神经被卡在第 1 肋骨骨折区域，则可造成桡神经永久损伤麻痹。临床常见不熟练用绳索绑牛强行猛然放倒并将前肢尽力后拽但倒地牛拼命挣扎试图脱逃，造成肩部外伤而致近端桡神经损伤麻痹。这种情况下，肱三头肌以及腕关节伸肌和趾关节伸肌可能会受到损伤，俗称“保定倒地瘫痪综合征”。此外，奶牛修蹄期间保定不当、修蹄床躺卧过久不断剧烈挣扎和体重过高牛长期久卧不起也会造成桡神经损伤麻痹。再有，长期蹒跚跛行病牛易罹患桡神经损伤麻痹。还有，颈枷设计和使用不当同样会使牛肩部受伤而致桡神经损伤麻痹。当然，第 1 肋骨骨折粗糙边缘和肱骨骨折也会损伤桡神经，不过，此时触摸患肢和活动患肢患牛会呈现疼痛反应。最后，不当接助产强行拉出胎犊也可能造成桡神经损伤麻痹。临床检查应注意是否发生第 1 肋骨或肱骨骨折。桡神经损伤麻痹发生在第 1 肋骨骨折区域（高位损伤）常致患牛肩肘部下垂和患肢无法伸直而拖地前行。如果桡神经损伤麻痹发生在肱骨中段区域（低位损伤），则肩肘部将保持正确位置，但趾蹄呈现屈曲。如无骨折发生，桡神经损伤麻痹时针刺患肢不会引起疼痛。将患牛置于垫铺干净干燥厚褥草和舒适无采食饮水竞争环境并适当限制活动，同时发病初始数小时给予抗炎症药物，则大多数患牛症状可以迅速缓解。如果前肢皮肤感觉已完全丧失，则预后可疑，当病情持续≥ 2 周时，桡神经损伤麻痹可能是永久性的，预后不良。

第三节 如何做好产后感染造成的卧地不起综合征诊疗防工作？

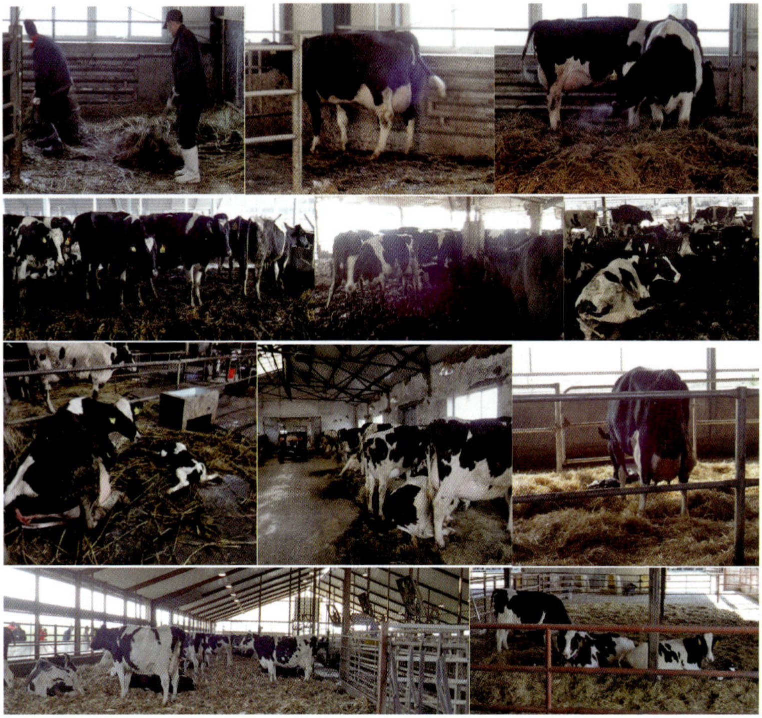

图 8-37 产后急性毒血性子宫炎部分高风险因子和部分低风险因子。产后急性毒血性子宫炎属产后生殖道感染综合征的最严重类型。该病高风险因子：围产前期憩息环境肮脏、分娩环境肮脏、消极被动等待自然分娩流程、第二产程超过 30 分钟、双胞胎分娩、难产、胎衣不下、公犊（缘于体格过大）、头胎牛分娩、产前 2 ~ 3 周采食量减少、亚临床低钙血症、产后首周非酯化脂肪酸和 β- 羟基丁酸及触珠蛋白含量高、会阴区域卫生差、产后憩息环境肮脏，以及产后保健和监护流程不到位。

表 8-5 为国内某家大型奶牛场 2017 年和 2018 年因产后急性毒血性子宫炎分娩后 60 日死淘率统计数据：产后 20 日死淘总数占产后 60 日死淘总数的百分比高达 74.8%；而产后 20 日死淘百分比与产后 60 日死淘百分比相关性高达 80%（R=0.8）。

表 8-5　国内某家大型奶牛场 2017 年和 2018 年因产后急性毒血性子宫炎分娩后 60 日死淘率统计

2017 年月份	60日淘汰牛头数	当月分娩头数	60日淘汰率
1月	89	402	22.1%
2月	50	292	17.1%
3月	34	210	16.2%
4月	8	73	11.0%
5月	29	154	18.8%
6月	123	379	32.5%
7月	146	727	20.1%
8月	107	721	14.8%
9月	157	1175	13.4%
10月	82	1107	7.4%
11月	99	911	10.9%
12月	107	905	11.8%
总计	1031	7056	14.6%

月份	当月分娩总数	60日死淘头数	20日死淘头数	60日死淘率	20日死淘率
2018	332	23	14	6.9%	4.2%
2018	375	26	20	6.9%	5.3%
2019	309	23	13	7.4%	4.2%
2019	455	58	16	12.7%	3.5%
2019	582	94	74	16.2%	12.7%
2019	862	109	95	12.6%	11.0%
2019	809	75	64	9.3%	7.9%
2018	803	97	77	12.1%	9.6%
2018	888	100	73	11.3%	8.2%
2018	694	72	56	10.4%	8.1%
2019	431	64	50	14.8%	11.6%
2019	425	64	50	15.1%	11.8%
总计	6965	805	602	11.6%	8.6%

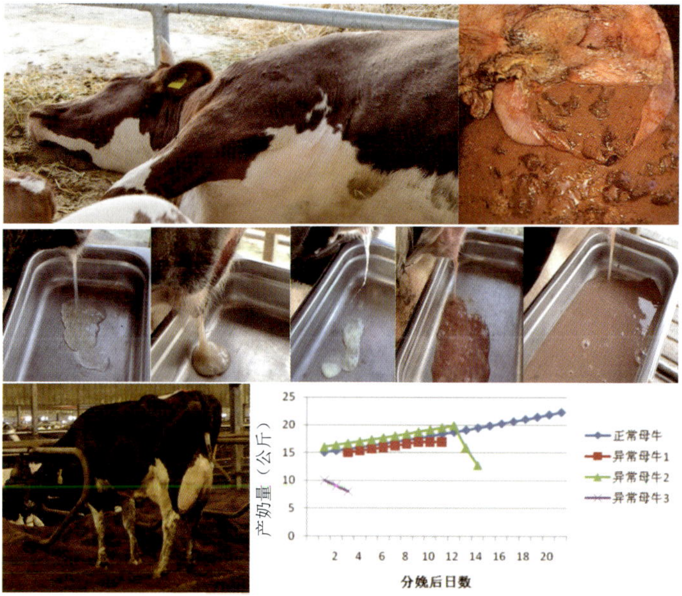

图 8-38　示产后急性毒血性子宫炎主要临床症状表现包括泌乳曲线变化。产后急性毒血性子宫炎是指产后子宫严重感染，导致全身性毒血症症状；产后急性毒血性子宫炎亦常造成患牛卧地不起。产后急性毒血性子宫炎患牛子宫环境有利于拟杆菌门和梭杆菌门丰度（细菌丰度：一定范围内，描述细菌种类多少的指标）增加；与此同时，变形杆菌门和厚壁菌门丰度相对较低。子宫腔内微生物群系这种变化被认为是一种菌群失调，其特征是异质性丧失和细菌丰度减少，其中拟杆菌属、卟啉单胞菌属和梭杆菌属系母牛产后罹患急性毒血性子宫炎的元凶。产后急性败血性子宫炎的特征是发病早期站立卧床始终不愿卧下、直肠触摸子宫患牛疼痛呻吟和子宫异常扩大，排出恶臭、水样和红褐色子宫分泌物，通常出现全身症状如奶量减少、食欲不振、精神抑郁和发热 >39.5℃。产后急性毒血性子宫炎发病率 10% ~ 25%。因产后急性毒血子宫炎属危急重症，故必须紧急救治，否则会招致死亡！

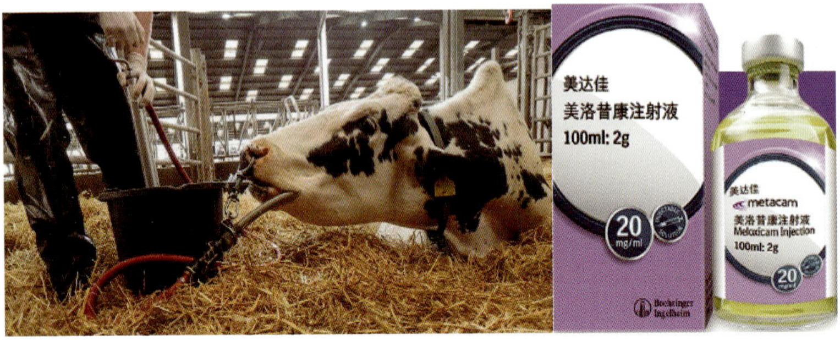

图 8-39　示救治产后急性毒血性子宫炎常需补充足够水量和给予非固醇类抗炎药物。

一、如何救治产后急性毒血性子宫炎?

1.抗菌处理，任选以下任何一项方案：

1）盐酸头孢噻呋 2.2 毫克 / 公斤，肌注，每日 1 次，连续 5 天；疗效不错，只是价格较贵。

2）头孢噻呋结晶游离酸 6.6 毫克 / 公斤，耳后皮下脂肪垫内注射 2 次，间隔 72 小时；效果不错，无弃奶期，只是价格较贵。

3）普鲁卡因 G 青霉素 22000 单位 / 公斤，肌注，每日 1 次，连续 5 天；疗效不错，只是弃奶期较长。

4）土霉素 11 毫克 / 公斤，静注或皮下注射 1 次；或子宫内放置 6 克，每周 2 次；属古老传统流程，疗效可疑。

5）氨苄青霉素 11 毫克 / 公斤，肌注，每日 1 次，连续 5 天；疗效不错，只是弃奶期较长。

2.液体疗法：

50% 葡萄糖 500 毫升，缓慢静脉注射；可在几个小时内或根据需要连续几天重复，缘于大多数患牛同时继发酮血症。7.2% 高渗盐水 500 毫升静注，同时提供充足饮水，缘于大多数患牛脱水。

3.抗炎症治疗，任选以下任何一项方案：

1）氟尼辛葡甲胺 2.2 毫克 / 公斤，静注，每日 1 次，连续 3 天；严禁胎衣未脱落前给药，否则将造成胎衣不下；不可反复多次注射，这有可能影响采食量。

2）酮洛芬 3 毫克 / 公斤，肌肉或静注，每日 1 次，最多连续 3 天。

3）美达佳 2.5 毫升 /100 公斤（0.5 毫克 / 公斤）皮下注射或静注 1 次，必要时可 72 小时后重复 1 次。

二、如何正确有效预防产后急性毒血性子宫炎？

1.最新进展

1）研发出大肠杆菌、坏死梭杆菌和化脓隐秘菌菌株疫苗以及这些细菌毒力因子疫苗。

2）研发出重组牛白细胞介素 8 制剂。

3）研发出清酒乳杆菌和乳酸片球菌菌株组合的益生菌。

2.围产前期饲养管理需到位

3.分娩期间

1）始终保持产区干燥、干净、新鲜褥草厚软兼顾隐秘性和交流守望。

2）积极执行新法接助产；什么是新法接助产？

A. 变消极被动等待自然分娩为积极主动接助产；

B. 宁愿错助一千，不可疏漏一头；

C. 第二产程开始，胎犊死亡钟声即以敲响，第二产程不可超过 30 分钟；

D. 严密观察、及时干预、合理用力、切忌粗暴；

E. 胎犊口鼻无论如何不可接触脏污。

4.围产后期

1）始终保持新产牛憩息环境干燥、干净、舒适和无采食饮水竞争。

2）努力恢复和提高分娩牛产后采食量，参阅表 8-6。

表 8-6 阐释新产牛产后机体天生固有免疫系统紧急启动和正常自控应答反应对新产牛能量代谢意味着什么？即为什么需要努力恢复和提高分娩牛产后采食量？

新产牛产后机体天生固有免疫系统状况如何？	大约需要消耗体内多少葡萄糖来支撑？	大约相当损失多少产奶量？	相当耗费多少干物质采食量？
紧急启动并维持正常生理免疫应答来应对产后生殖道损伤和污染：感染—炎症反应—清除病原菌—协助子宫内膜修复和重建正常生理功能	1000 克 / 日	通常 100 克葡萄糖才能产生 1 公斤牛奶，所以大约每天损失 10 公斤产奶量	>7 公斤 / 日

3）积极执行我国著名奶牛临床学家产后保健和监护流程：其产后 60 日死淘率 1.8%（42 头死淘 /2343 头分娩）；产后急性毒血性子宫炎死淘率 0.3%（7 头产后急性毒血性子宫炎 /2343 头分娩）。

5.认真理解和积极执行阴道冲洗流程（绝非子宫内清洗）

三、如何回答新产牛产后子宫炎治疗问题？

1. 为什么要强调一丝不苟监测体温？
2. 为何要强调“一剑封喉”？如何做到“一剑封喉”？
3. 为什么要强调给予非固醇类抗炎药物？
4. 为什么要强调积极执行阴道冲洗流程？
5. 为什么要强调适时适当给予其他支持疗法？

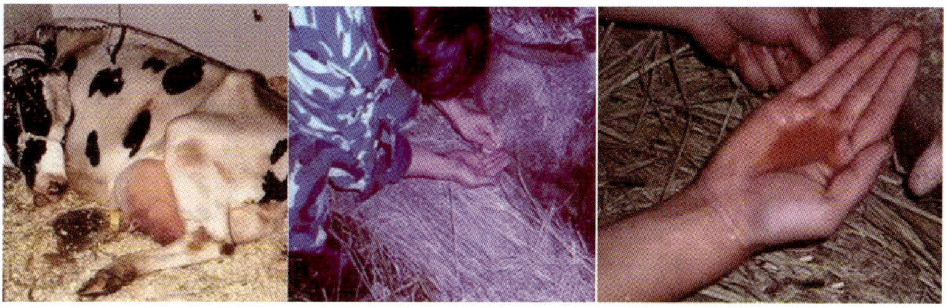

图 8-40　示产后急性毒（败）血性乳房炎临床症状表现和简易诊断方法。产后急性毒（败）血性乳房炎易与临床低血钙症混合，但仔细检查可发现为急性毒（败）性乳房炎。注意乳区下部发绀；检查乳房并挤出乳汁：乳汁呈浅褐色，提示卧地不起综合征病牛实际罹患急性大肠杆菌临床乳房炎（三级）。

第四节　如何做好产后保健和监护失误造成的卧地不起综合征诊疗防工作？

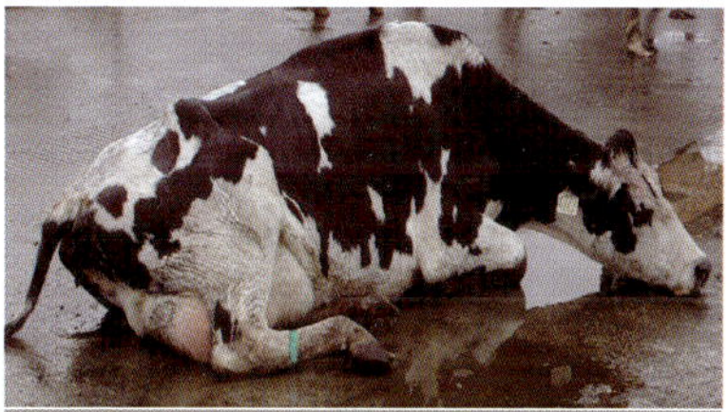

成分	用量	渗透压（毫渗/升）
丙酸钙	454 克	183
丙二醇	300 毫升	99
氯化钾	113 克	76
硫酸镁	113 克	47
酵母（XP）	350 克	因是细胞性物质，不产生渗透压。
食盐	45 克	39
阿司匹林	45 克	因极难溶于水，不产生渗透压。
有机硒	6 克	可以忽略不计。
温热纯水	40 升	以上成分稀释后总渗透压约为 444。

图 8-41　示奶牛产后灌服保健液因稀释不当造成卧地不起、保健液配方成分和稀释规定包括合理稀释后总渗透压。奶牛分娩后，我们常灌服产后保健液。有些奶牛场新产牛灌服后，呈现卧地不起、腹泻、脱水临床症状，甚至发生死亡。什么原因？如何破解？破解：奶牛血液正常渗透压浓度大概在 270 ~ 310 毫渗 / 升之间，产后保健灌服液中的那些成分如稀释到位，总渗透压大约为 444 毫渗 / 升，虽略高于血液正常渗透压，但问题还不算严重。不过，如果只用 20 升水或更少水量如 10 升水稀释呢？相信同道们自然能预测出会发生什么后果！

第五节　如何正确做好卧地不起综合征救治工作？

救治卧地不起综合征一般步骤有哪些？虽然多数奶牛卧地不起综合征病例预后不良，但救治这些病例时仍应遵循下列步骤：

1. 询问病史、检视患牛卧姿、外观、体征及其躺卧周围环境。

1）主要询问是否最近分娩？分娩几日？是头胎牛还是经产牛？是否顺产？助产时是否使用助产器？

2）未使用助产器时几人强力拉出犊牛？有无滑跌现象？等等。

3）测量直肠温度：如果低于正常值，则患牛具有一定程度休克。

4）检查眼睛和皮肤外观：眼眶凹陷或皮肤褶皱测试持续时间超过 2 秒表明脱水。

5）是否侧卧？如发生侧卧，一定要设法纠正成胸卧姿势；否则会造成瘤胃鼓气、瘤胃液被吞咽入气管致异物性肺炎、压迫横隔致胸压过高而呼吸困难等。侧卧时给予钙制剂亦非常危险，往往造成心跳骤停而导致死亡。

6）患牛是否精神委顿、可视黏膜苍白、反应漠然、头低耳耷、眼睑半闭、心率过速和微弱？如出现这些症状，应注意与低血钙症鉴别，这常常表明病牛罹患产后急性毒血性子宫炎或产后急性毒（败）血性乳房炎。

7）是否无望尝试站立？如地面过滑或躺卧前冲受限制区域，患牛试图站立几次未成功后会造成其心理惧怕而不愿再尝试站立；此时需将患牛移往开阔并且地面不滑松软处。

2. 假如患牛系最近分娩，一律首先给予钙制剂，然后酌情补磷、镁和钾。单独补钙后复发卧地不起患牛，宜缓慢静注含钙、镁、磷和葡萄糖混合溶液。同时，仔细监测心音频率、节律和强度。含磷溶液应静注给药，因为复发卧床不起患牛已被证明存在持续性低血磷症。患牛尝试站立前可静注盐酸曲匹那敏（Tripelennamine Hydrochloride），目前这是牛类动物短期有效的中枢神经兴奋剂。

3. 假如患牛系最近分娩，一律需要做阴道检查，藉以判断是否有另一头未排出腐败分解胎犊滞留子宫或是否阴道壁存在损伤和严重感染。

4. 假如患牛系最近分娩，一律需要做直肠检查，藉以判断是否有骨盆骨折、髋关节脱臼现象，或产后急性毒血性子宫炎，或存在任何粘连和坏死脂肪块。

5. 假如患牛处于围产期，一律需要做乳房检查，藉以判断是否罹患产后急性毒血性子宫炎。

6. 及早正确使用"蹄镣"，藉以预防滑跌劈叉。

7. 检查后肢臀区是否存在肌肉破裂、缺血性坏死或腓神经炎性损伤。

8. 患牛躺卧处应铺垫超过 15 厘米厚干净无霉变褥草，并每隔 2 小时将患牛从一侧翻换到另一侧，藉以避免发生筋膜间隔综合征！

图 8-42　示如何正确有效做好卧地不起综合征患牛辅助站立：如患牛意欲起立，应主动辅助其站立。这种情况下，辅助站立大约 71% 有效。常用辅助站立方法有 3 种：使用髋结节吊环；使用腹底充气囊；使用水箱注水漂浮。3 种方法中，以腹底充气囊效果最佳。其辅助站立确实和应激少，同时也比较清洁，但国内目前尚未开发和引进。

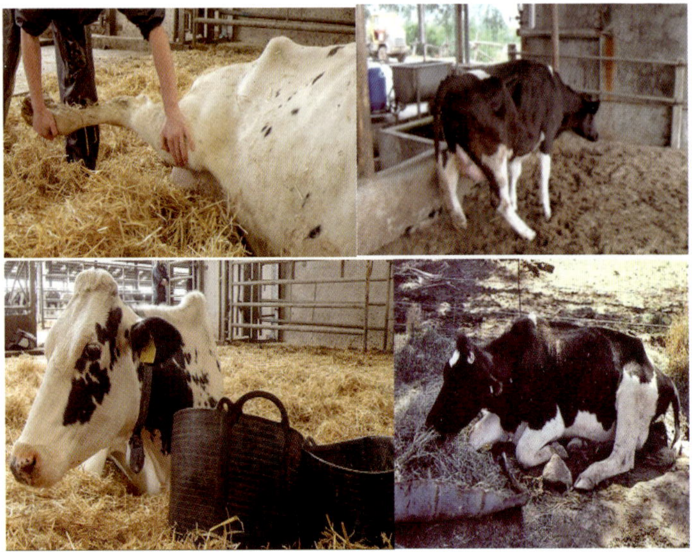

图 8-43　示如何正确护理卧地不起综合征患牛部分环节

护理卧地不起综合征患牛，应做到以下几点：

1. 尽量及早纠正侧卧！

2. 牢记 6 小时“黄金时间”救治！奶牛卧地不起后，仅留下 6 小时窗口期可实施有效救治。

3. 适时合理用药！全身给予抗生素 3 日以上，并适时注射能量药和非固醇抗炎药物；使用固醇类抗炎药物不可超过 2 次，为什么？

4. 移入松软和地表摩擦力强区域。一般情况下，当将患牛移入开阔土质松软和摩擦力强地面，患牛均会尝试起立。

5. 提供充足新鲜饲料和饮水。卧地不起患牛应提供新鲜饲料和饮水以维持其正常生命，随着病程进展，如精神活泼和采食积极，终有一日患牛会站立起来。

研究表明，>45% 卧地不起患牛可通过良好护理恢复，而如果护理非常差，则只有 0% 患牛可以恢复！

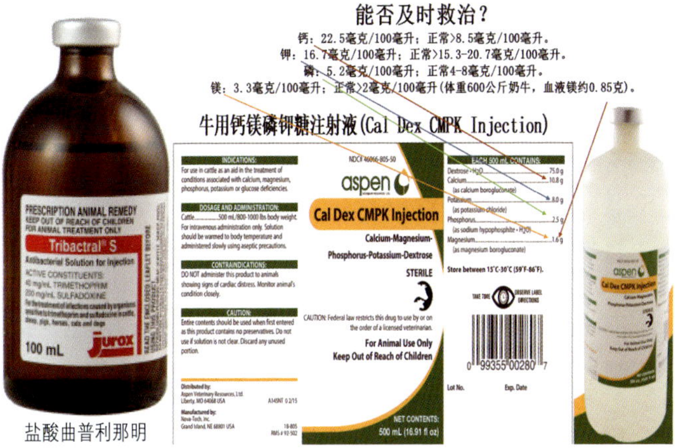

图8-44　示牛类动物短期有效中枢神经兴奋剂可静注盐酸曲匹那敏（Tripelennamine Hydrochloride），卧地不起综合征患牛尝试站立前静脉注射效果不错。牛用钙镁磷钾糖静脉注射液（500毫升/瓶）通常仅需给药1次，可同时纠正卧地不起综合征患牛缘于低血钙症+低血钾症+低血磷症+低血镁症+低血糖症，一步到位、简单省事和疗效明显；牛用钙镁磷钾糖静脉注射液强离子差为0。有心同道们可认真分析该注射液钙、镁、磷、钾和糖含量，并与正常机体所需量比较，自然一清二楚，不存疑问。眼下国内兽药厂正在加紧研发和申请批号。

表8-7　造成卧地不起综合征的病因

骨折	神经损伤	疾病		其他
1）左/右后肢骨折	1）绕神经麻痹	1）子宫脱出	24）多发性淋巴瘤	1）雷击或电击
2）跗关节和膝关节骨折	2）腓神经麻痹	2）子宫扭转	25）采食精料过多	
3）股骨骨折	3）胫神经麻痹	3）产后阴道和直肠脱出	26）脓毒血症	
4）腕骨骨折		4）子宫撕伤	27）脓毒性关节炎	
5）尺骨骨折		5）子宫破裂	28）菌血症	
6）左/右前肢骨折		6）难产重度出血	29）脊柱脓肿	
7）胫骨骨折		7）腹膜炎	30）盲肠扭转和变位	
8）脊柱骨折		8）毒血症	31）肾盂肾炎	
9）胸骨骨折		9）肠扭转	32）肾脓肿	
10）腰椎骨折		10）肠破裂	33）迷走神经损伤	
11）盆骨骨折		11）酮血症（神经性）	34）放线菌病	
		12）脂肪肝	35）真胃破裂	
		13）奶牛肥胖症	36）胎水过多	
		14）右侧真胃移位	37）肺脓肿破裂	
		15）肝脓肿	38）贫血	
		16）腹股沟破裂	39）股骨头脱臼	
		17）创伤性网胃炎和心包炎	40）膝交叉韧带断裂	
		18）梭状杆菌感染	41）趾前腱断裂	
		19）胸膜炎	42）炭疽	
		20）急性肺炎	43）铅中毒	
		21）尿结石	44）肉毒梭菌中毒	
		22）尿毒症	45）疯牛病	
		23）极度高烧		

表 8-8　显示我国奶牛临床兽医救治卧地不起综合征脱水患牛常用混合静脉注射溶液配伍之一；同道们可否分析这种混合静脉注射液渗透压值和强离子差值究竟了反映什么？可否预估临床应用效果究竟如何？为什么？（本款大输液混合液渗透压值和强离子差值计算微型软件由河北科星药业王宁兽医开发）

序号	名称	容量	成分、百分比、含量	分子量		毫摩尔浓度（升）	毫克当量浓度（升）	渗透压（毫摩尔/升：270-310）	强离子差（毫克当量/升）	混合容量（毫升）	渗透压（毫摩尔/升）	强离子差（毫克当量/升：>25；正常38-46）
1	0.9%氯化钠注射液	500ml	0.9%NaCl 4.5g	NaCl	58.443	154	154	308	0	0	282.4466667	0
2	10%氯化钠注射液	500ml	10%NaCl 50g			1711	1711	3422	0	0		
3	复方氯化钠注射液	500ml	0.85%NaCl 4.25g 0.03%KCl 0.15g 0.03%CaCl2 0.15g	KCl	74.55	NaCl 145.44 KCl 4 CaCl2 2.7	NaCl 145.44 KCl 4 CaCl2 5.4	306.98	0	1000		
4	葡萄糖氯化钠注射液	500ml	5%葡萄糖 25g 0.9%NaCl 4.5g	葡萄糖 C6H12O6	180.156	葡萄糖 277.54 NaCl 154	NaCl 154	585.54	0			
5	5%葡萄糖注射液	500ml	5%葡萄糖 25g			277.54		277.54	0	5000		
6	10%葡萄糖注射液	500ml	10%葡萄糖 50g			555.07		555.07	0			
7	25%葡萄糖注射液	500ml	25%葡萄糖 125g			1387.69		1387.69	0	0		
8	50%葡萄糖注射液	500ml	50%葡萄糖 250g			2775.37		2775.37	0			
9	5%碳酸氢钠注射液	500ml	5%NaHCO3 25g	NaHCO3	84.01	595.17	595.17	1190.34	595.17	0		
10	10%葡萄糖酸钙注射液	500ml	10%葡萄糖酸钙 50g （4.65克离子钙）	葡萄糖酸钙 Ca(C6H11O7)2	430.388	葡萄糖酸钙 232.3	464.6	678.9	464.6			
11	硼葡萄糖酸钙注射液	500ml	5%硼酸 25g 25%葡萄糖酸钙125g （11.4克离子钙）	硼酸H3BO3	61.8	硼酸 809.06 葡萄糖酸钙580.1	1161.7	2506.3	1161.7			
12	氯化钙葡萄糖注射液	100ml	5%CaCl2 5g 25%葡萄糖 25g （1.8克离子钙）			CaCl2 450.45 葡萄糖 1387.69	CaCl2 900.9	2739.04	0			
13	5%氯化钙注射液	500ml	5%CaCl2 25g （9克离子钙）	CaCl2	111	CaCl2 450.45	CaCl2 900.9	1351.35	0			
14	10%氯化钾注射液	10ml	10%KCl 1g	KCl	74.55	KCl 1341.38	1341.38	2682.76	0	0		
15	10%硫酸镁注射液	10ml	MgSO4 1g	MgSO4	120.37	MgSO4 830.77	MgSO4 1661.54	1661.54	0			
									合计	6000		

表 8-9　显示我国奶牛临床兽医救治卧地不起综合征脱水患牛常用混合静脉注射溶液配伍之二；同道们可否分析这种混合静脉注射液渗透压值和强离子差值究竟了反映什么？可否预估临床应用效果究竟如何？为什么？（本款大输液混合液渗透压值和强离子差值计算微型软件由河北科星药业王宁兽医开发）

序号	名称	容量	成分、百分比、含量	分子量		毫摩尔浓度（升）	毫克当量浓度（升）	渗透压（毫摩尔/升：270-310）	强离子差（毫克当量/升）	混合容量（毫升）	渗透压（毫摩尔/升）	强离子差（毫克当量/升：>25；正常38-46）
1	0.9%氯化钠注射液	500ml	0.9%NaCl 4.5g	NaCl	58.443	154	154	308	0	0		
2	10%氯化钠注射液	500ml	10%NaCl 50g			1711	1711	3422	0	0		
3	复方氯化钠注射液	500ml	0.85%NaCl 4.25g 0.03%KCl 0.15g 0.03%CaCl2 0.15g	KCl	74.55	NaCl 145.44 KCl 4 CaCl2 2.7	NaCl 145.44 KCl 4 CaCl2 5.4	306.98	0	1000		
4	葡萄糖氯化钠注射液	500ml	5%葡萄糖 25g 0.9%NaCl 4.5g	葡萄糖 C6H12O6	180.156	葡萄糖 277.54 NaCl 154	NaCl 154	585.54	0			
5	5%葡萄糖注射液	500ml	5%葡萄糖 25g			277.54		277.54	0	4000		
6	10%葡萄糖注射液	500ml	10%葡萄糖 50g			555.07		555.07	0			
7	25%葡萄糖注射液	500ml	25%葡萄糖 125g			1387.69		1387.69	0	0		
8	50%葡萄糖注射液	500ml	50%葡萄糖 250g			2775.37		2775.37	0			
9	5%碳酸氢钠注射液	500ml	5%NaHCO3 25g	NaHCO3	84.0	595.17	595.17	1190.34	595.17	500	365.8745455	54.10636364
10	10%葡萄糖酸钙注射液	500ml	10%葡萄糖酸钙 50g （4.65克离子钙）	葡萄糖酸钙 Ca(C6H11O7)2	430.388	葡萄糖酸钙 232.3	464.6	678.9	464.6			
11	硼葡萄糖酸钙注射液	500ml	5%硼酸 25g 25%葡萄糖酸钙125g （11.4克离子钙）	硼酸H3BO3	61.8	硼酸 809.06 葡萄糖酸钙580.1	1161.7	2506.3	1161.7			
12	氯化钙葡萄糖注射液	100ml	5%CaCl2 5g 25%葡萄糖 25g （1.8克离子钙）			CaCl2 450.45 葡萄糖 1387.69	CaCl2 900.9	2739.04	0			
13	5%氯化钙注射液	500ml	5%CaCl2 25g （9克离子钙）	CaCl2	111	CaCl2 450.45	CaCl2 900.9	1351.35	0			
14	10%氯化钾注射液	10ml	10%KCl 1g	KCl	74.55	KCl 1341.38	1341.38	2682.76	0	0		
15	10%硫酸镁注射液	10ml	MgSO4 1g	MgSO4	120.37	MgSO4 830.77	MgSO4 1661.54	1661.54	0			
									合计	5500		

表 8-10　显示我国奶牛临床兽医救治卧地不起综合征脱水患牛常用混合静脉注射溶液配伍之三；同道们可否分析这种混合静脉注射液渗透压值和强离子差值究竟了反映什么？可否预估临床应用效果究竟如何？为什么？（本款大输液混合液渗透压值和强离子差值计算微型软件由河北科星药业王宁兽医开发）

序号	名称	容量	成分、百分比、含量	分子量		毫摩尔浓度（升）	毫克当量浓度（升）	渗透压（毫摩尔/升：270-310）	强离子差（毫克当量/升）		混合容量（毫升）	渗透压（毫摩尔/升）	强离子差（毫克当量/升：>25；正常38-46）
1	0.9%氯化钠注射液	500ml	0.9%NaCl 4.5g	NaCl	58.443	154	154	308	0		0		
2	10%氯化钠注射液	500ml	10%NaCl 50g			1711	1711	3422	0		0		
3	复方氯化钠注射液	500ml	0.85%NaCl 4.25g 0.03%KCl 0.15g 0.03%CaCl2 0.15g	KCl	74.55	NaCl 145.44 KCl 4 CaCl2 2.7	NaCl 145.44 KCl 4 CaCl2 5.4	306.98	0		1000		
4	葡萄糖氯化钠注射液	500ml	5%葡萄糖 25g 0.9%NaCl 4.5g	葡萄糖 C6H12O6	180.156	葡萄糖 277.54 NaCl 154	NaCl 154	585.54	0				
5	5%葡萄糖注射液	500ml	5%葡萄糖 25g			277.54		277.54	0		5000		
6	10%葡萄糖注射液	500ml	10%葡萄糖 50g			555.07		555.07	0				
7	25%葡萄糖注射液	500ml	25%葡萄糖 125g			1387.69		1387.69	0		0		
8	50%葡萄糖注射液	500ml	50%葡萄糖 250g			2775.37		2775.37	0				
9	5%碳酸氢钠注射液	500ml	5%NaHCO3 25g	NaHCO3	84.01	595.17	595.17	1190.34	595.17		500		
10	10%葡萄糖酸钙注射液	500ml	10%葡萄糖酸钙 50g （4.65克离子钙）	葡萄糖酸钙 Ca(C6H11O7)2	430.388	葡萄糖酸钙 232.3	464.6	678.9	464.6			352.2846154	45.78230769
11	硼葡萄糖酸钙注射液	500ml	5%硼酸 25g 25%葡萄糖酸钙125g （11.4克离子钙）	硼酸H3BO3	61.8	硼酸 809.06 葡萄糖酸钙580.1	1161.7	2506.3	1161.7				
12	氯化钙葡萄糖注射液	100ml	5%CaCl2 5g 25%葡萄糖 25g （1.8克离子钙）			CaCl2 450.45 葡萄糖 1387.69	CaCl2 900.9	2739.04	0				
13	5%氯化钙注射液	500ml	5%CaCl2 25g （9克离子钙）	CaCl2	111	CaCl2 450.45	CaCl2 900.9	1351.35	0				
14	10%氯化钾注射液	10ml	10%KCl 1g	KCl	74.55	KCl 1341.38	1341.38	2682.76	0		0		
15	10%硫酸镁注射液	10ml	MgSO4 1g	MgSO4	120.37	MgSO4 830.77	MgSO4 1661.54	1661.54	0				
									合计		6500		

第九章 美国牛类动物临床兽医学会处理奶牛群体跛行疾病指南强调什么？

美国牛类动物临床兽医学会2015年11月份在新闻通讯中建议其学会内所有奶牛临床兽医治疗奶牛蹄病时应遵循新近颁布的处理原则和流程指南。我因属于该学会成员，所以也接到了这份建议，尽管这些处理原则和流程指南业已颁布逾7年之久，但目前全美范围内仍在执行并获得不错效果。现将这些处理原则和流程指南要点概述如下，希望对我国现场工作者有所助益。

众所周知，繁殖障碍、乳房炎（临床乳房炎和亚临床乳房炎）和蹄病为奶牛场最头疼的三大疾病，其造成的经济损失也非常巨大，其中蹄病给奶牛场造成的经济损失列为这三大疾病之首。就治疗奶牛蹄病本身而言，诸多近期权威研究均指出："不再损伤"应视为最高原则。鉴于此，拟对既往数十年实践中流行的具体操作环节重新评估和改进。

一、绷带包扎患蹄/患趾是否正确?

绷带包扎患蹄/患趾是目前最流行的做法，但这种做法究竟是否靠谱？发达国家奶牛临床兽医经多年实践证明这种做法奏效有限，会延缓患部愈合，理由如下：

1. 绷带包扎过程会裹入脏污杂物，裸眼难以觉察发现。

2. 绷带包扎过程会裹入细菌，裸眼更无法觉察发现。

3. 绷带包扎过程会增加患部水分。

4. 绷带包扎所用绷带潮湿后会越来越紧，自然不利于患部愈合（因阻断患区局部血液循环），并造成新损伤。

以上 4 条综合后果显而易见：不仅无益愈合，而且还有可能造成新感染或损伤，自然违背“不再损伤”最高原则。既然如此，那么在什么情况下可以绷带包扎患蹄 / 患趾呢？目前认为传染性趾间真皮炎应是唯一可用绷带包扎法进行治疗的蹄病（参阅图 9-1），其他蹄病均不宜采用绷带包扎法（参阅图 9-1）。不过，即使对传染性趾间真皮炎应用了绷带包扎法，也需在 3 日内卸除绷带，以利加速痊愈。

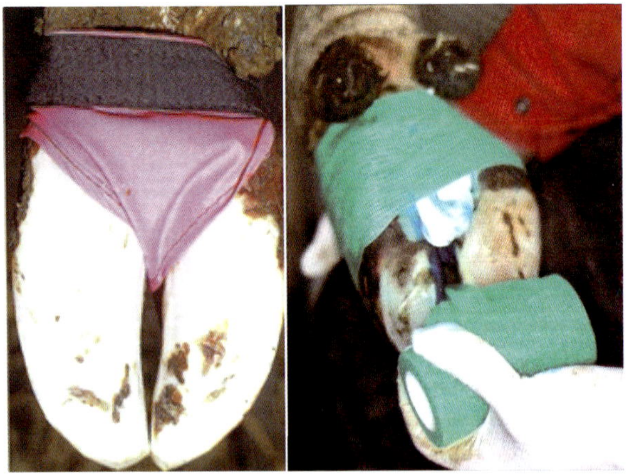

图 9-1　左分图示目前认为传染性趾间真皮炎应是唯一可用绷带包扎法进行治疗的蹄病。右分图示既往流行的绷带包扎奶牛蹄部 / 蹄趾损伤方法眼下已被发达国家废止。

二、是否传染性趾间真皮炎（参阅图 9-2）应用涂敷膏剂或喷敷溶液效果更佳?

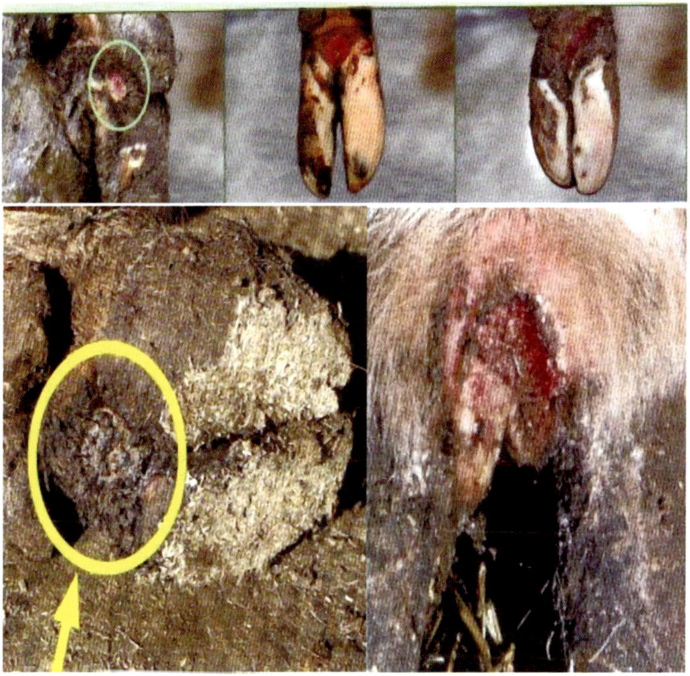

图 9-2　上排三分图示传染性趾间真皮炎：自左至右，依次严重；下排两分图示传染性趾间真皮炎病灶放大图。

尽管传染性趾间真皮炎可采用绷带包扎法处理，但毕竟 3 日内需要卸除绷带，这在实践中推行仍不方便和有一定局限性。针对绷带包扎法这一缺点，发达国家业已开发出一种专治传染性趾间真皮炎的膏剂产品，用油漆刷浸蘸该产品涂敷患处 1 次或 2 次，疗效不仅简单可靠，而且不必使用绷带包扎，极大节约了治疗该蹄病的时间和成本。此外，也可在挤奶厅向传染性趾间真皮炎患牛病灶喷敷治疗溶液，每日 1 次，连续 3 ～ 5 日，效果亦不错。我国几家公司近年来努力推广传染性趾间真皮炎蹄病无绷带包扎法，同时结合应用自己公司开发的软膏或喷敷剂治疗，取得与发达国家类似的疗效。参阅图 9-3 和图 9-4。河南省康星药业股份有限公司继承发扬我国中兽医传统，生产和应用逾千年中医名方“防腐生肌散”治疗传染性趾间真皮炎，疗效显著，参阅图 9-5。曾有一奶牛临床兽医采用该药治疗传染性趾间真皮炎患牛，并同西药抗生素进行对比，结果表明：“防腐生肌散”具有抗炎性强、净创和促进组织吸收快，以及利于肉芽生长等优点；经治 72 例，均痊愈。

图 9-3　示发达国家开发的治疗传染性趾间真皮炎病灶涂敷软膏和喷敷溶液；北京加佳农生物科技有限公司进口喷敷溶液国内推广使用，效果不错。

图 9-4　示我国上海兴牧清洁用品有限公司生产的专用于治疗传染性趾间真皮炎“TOP 蓝护蹄液”，既可涂敷病灶，亦可喷敷病灶，疗效可靠明显。

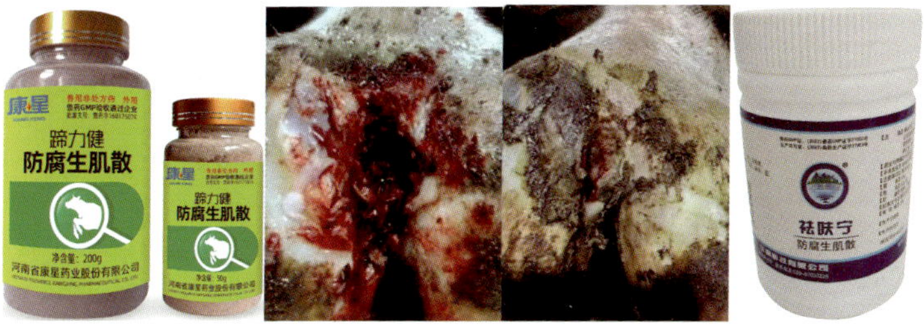

图 9-5　左分图示河南康星药业股份有限公司生产的逾千年古方“防腐生肌散”；左中分图示传染性趾间真皮炎病灶涂敷该药；右中分图示涂敷该药 3 日后病灶区域组织明显改善；右分图示陕西华秦源（杨凌）生物科技有限公司生产的“防腐生肌散”，现场使用效果亦不错。

三、蹄底溃疡和白线病（参阅图 9-6）又该如何处理?

蹄底溃疡和白线病原发病因主要源于蹄内部组织本身受损（如瘤胃慢性酸中毒所致蹄叶炎），并非病原体始作俑者；即使发生感染，往往也是继发性的。所以，对这种类型蹄部 / 蹄趾疾患，病灶表面外敷抗生素或腐蚀剂并无益处。例如，对蹄底溃疡或白线病病灶外敷布四环素或硫酸铜，这不仅于事无补，相反还会因为损伤肉芽组织生长而延滞愈合过程。最简单而有效的办法是将患趾继发感染损伤部分削除（参阅图 9-6），然后给健趾黏附蹄垫，藉以减轻患趾负重，促进愈合（参阅图 9-7）。

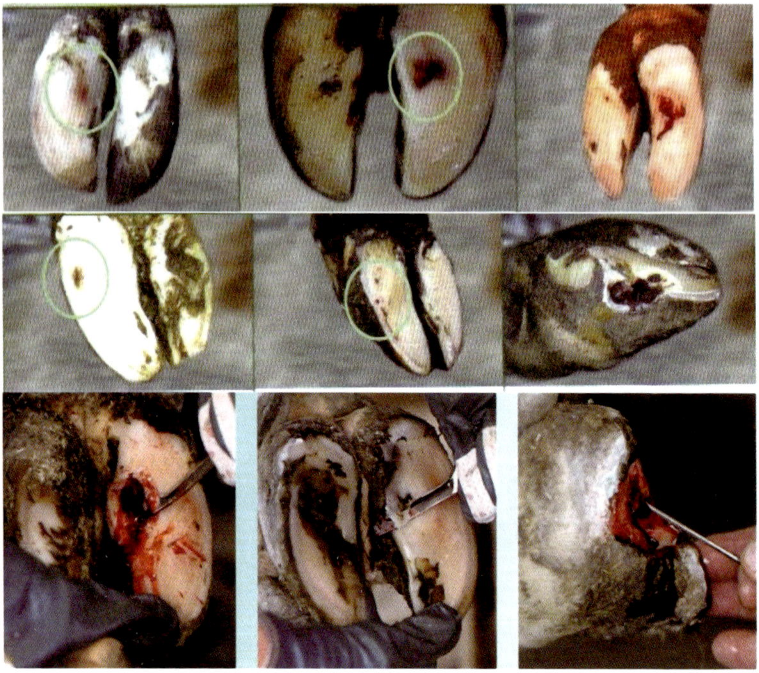

图 9-6　上排三分图示蹄底溃疡：自左至右，依次严重；中排三分图示白线病：自左至右，依次严重；下排三分图示蹄底溃疡（左下分图和中下分图）和削除白线病继发感染部分（右下分图）。

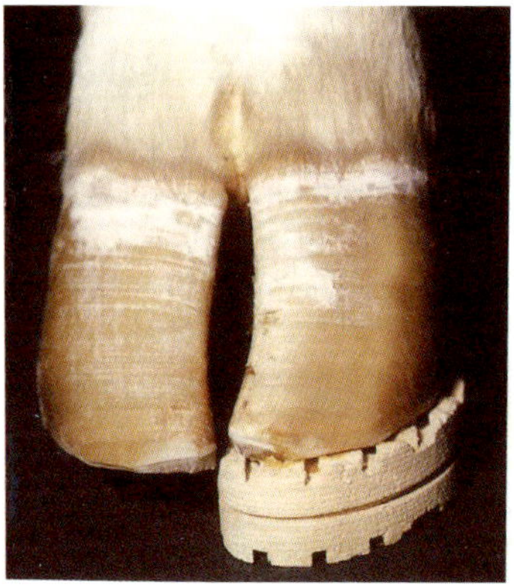

图 9-7　示给蹄底溃疡或白线病患趾对侧健趾黏附蹄垫，藉以缓解患趾负重，促进愈合。

四、所有蹄病患牛均应调群至距挤奶厅距离最近牛舍

这不仅能缩短患牛至挤奶厅每日行走路程，而且也便于就近及时观察患蹄 / 患趾愈合进展状况。倘如一天挤三次奶，那么蹄病患牛一天挤两次足矣。这不但不会影响患牛奶产量，相反还会因休息时间增多而加快蹄病痊愈过程。

副主编简介

陈良雷先生于2007年河南牧业经济学院中兽医专业毕业，现任河南省康星药业股份有限公司集团营销总监。陈良雷先生长期在奶牛养殖一线从事现场技术服务工作，带领公司技术骨干和行业专家老师们走遍祖国大江南北，服务不计其数国内奶牛养殖企业，身经百战，对于国内奶牛养殖管理过程中痛点识别，特别是对于如何正确诊疗防奶牛群体跛行疾病有着深刻独特见解。

公司于2007年10月成立新兽药研发中心，依托集团研发中心和河南省超微粉工程技术研究中心研发平台，致力于兽用中药制剂现代化研发、生产及应用。

副主编简介

戴文，1988年毕业于北方工业大学，现任上海兴牧清洁用品有限公司总经理。长期在奶牛养殖一线进行技术服务和指导工作，有着二十多年丰富的牧业服务经验，有过硬的牧场设计和挤奶设备技术工作背景，曾在光明牧业负责挤奶设备管理，期间建造了国内首批大型牧场光明金山牧场，专业从事牧场卫生产品研发（如清洗剂、药浴液、蹄浴液等），创新式地提出奶牛乳头系统防护机制，为诸多大型牧场的牛奶质量控制和奶牛乳房炎管理提供专业化解决方案，根据客户需求和牧场条件提供全面的现场指导和理论培训。